e-Shipping 外航海運業務の電子化

平田 燕奈 著

森 隆行 監修

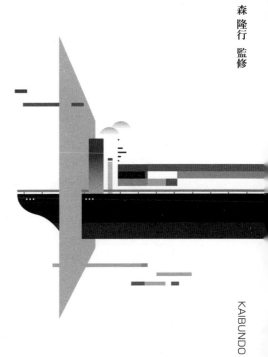

KAIBUNDO

はじめに

　電子化またはデジタル化とは，広くアナログデータをデジタルデータに変換することを指す。具体的には，デジタルデータをつくる業務的，経営的，社会的な過程を意味する。

　外航海運関連業務は，これまでは紙媒体で行うのが基本であった。しかしながら，情報の安全性・正確性，業務の効率性などの視点から，業界全体で電子化への取り組みが着実に進んでいる。業務電子化の利点はコスト削減のみならず，リードタイムの短縮による生産性の向上，信用の増大，従来の紙では得られなかった情報の入手，さらには新規取引先の拡大に繋がっている。これだけでも，ビジネスに与える影響の大きさが推し量れる。しかし，現実には，より恐ろしい「影響」が隠されている。それは，電子化を行えない企業との取引の排除である。たとえば，EDI（electronic data interchange）を行う企業は，そのメリットを最大化するために，あらゆる取引先に対してEDI接続を要請する。それに応えられない企業は，取引に参加する資格を失う。つまり，業務の電子化による取引先の選別時代が始まったのである。

　われわれが生きるこの世界は，すでに根本的な変化を遂げる時代に入っている。デジタルテクノロジーを使いこなしているミレニアルズが顧客，従業員になる時代がやってきた。デジタルテクノロジーは指数関数的に普及し，既存の経験や意思決定の仕組みが役に立たなくなり，企業にはデジタルテクノロジーを駆使する新しいビジネスモデルが求められる。

　デジタル化と新技術はすべての業界を急速に変化させており，予期せぬ明日への準備を余儀なくされている。これは物流業界にも当てはまる。船社のビジネスモデルは貨物の移動方法を最適化することに重点を置いていた。今日のいわゆる「スマートな輸送」について言及すると，AからBへの貨物の移動だけではない。つまり，物流分野における電子化は，顧客へのシームレスなサービス，サプライチェーンでの可視性（Visibility），より効率的なビジネスの推進を意味する。

こうした中，外航海運業界では，オープンで革新的なテクノロジーとソフトウェアソリューションを開発する傾向がみられるようになってきた。2018 年 1 月に，コンテナ輸送のグローバルリーダーであるマースクラインと IT 大手の IBM がブロックチェーン（Blockchain）テクノロジーを用いたサプライチェーンプラットフォームを運営することを宣言した。物流企業はビジネスの内部からデジタル化する必要があるが，同時に最善のソリューションを見つけるには，幅広い業界の企業間の提携が必要となる。外航海運を含む物流企業の管理者層には，業務の電子化を重要な経営戦略の 1 つとして念頭に置いていただきたい。

　本書では，外航海運業務のプロセスに合わせて，ブッキング（Booking），船荷証券（Bill of Lading）の発行，運賃の支払い（Payment），貨物の引き取り（Cargo Release）などの電子化ついて，紹介・解説する。第 1 章では，国際貿易のうち，外航海運業務に関わる必要書類と情報流についてまとめた。これらの情報流の電子化方法について，第 2 章では EDI 方式，第 3 章では API 方式，第 4 章ではウェブサイトやスマートフォンアプリ方式，第 5 章では NACCS システムとの連携について解説する。そして第 6 章では，メディアでも話題になっている，革新的な技術であるブロックチェーンおよびその他の先端デジタルテクノロジーの外航海運分野における応用について紹介する。

　本書はプログラマのための EDI，API などのテクノロジーの専門書ではない。物流企業の管理者層をはじめ，外航海運関連業務の従事者，貿易・製造企業の輸出入業務の担当者，物流を学ぶ学生，物流業務の電子化に興味を持つ方に，外航海運業務の電子化を理解していただくことを目的としている。本書が，業務電子化の導入，あるいは商談に際して，企業側の業務担当者が IT 部署や IT 会社のシステムエンジニアと効率的に交渉するための，橋渡しとなれば幸いである。

　最後に，本書の出版に当たって多大なご尽力をいただいた海文堂出版の岩本登志雄氏，黒沼勇介氏に心からお礼を申し上げたい。

2018 年 7 月

著者　平田燕奈

目　次

はじめに　*4*

第1章　外航海運業務におけるデータの流れ *9*

1.1　貿易関連書類　*9*

1.2　外航海運業務フロー　*11*

1.3　外航海運業務における情報流一覧　*12*

第2章　外航海運におけるEDI *17*

2.1　EDI　*17*

2.2　EDIの利点　*17*

2.3　EDIの特徴　*18*

2.4　UN/EDIFACT　*19*

2.5　ANSI X12　*23*

2.6　XML　*24*

　　　コラム1　ebXML用語の解説　*27*

2.7　EDI電文　*29*

　　　コラム2　コンテナ貨物総重量の確定方法　*31*

2.8　EDIのデータフォーマット運用基準書　*31*

2.9　通信プロトコル　*39*

　　　コラム3　EDIの2024年問題　*41*

2.10　インターネットを利用した通信プロトコル　*41*

2.11　主な第三者プロバイダ　*44*

2.12　EDI電文を編集・閲覧するためのソフトウェア　*48*

2.13　インターネット利用時のセキュリティ対策　*51*

第3章　API.. 55

3.1　APIとは？ *56*

3.2　APIがつくられる理由　*56*

3.3　APIが利用される理由　*57*

3.4　Web APIの特徴　*58*

3.5　Web APIの種類　*58*

3.6　Web APIの連携パターン　*61*

3.7　Web APIを利用する前提条件　*62*

3.8　Web APIの利用手順　*63*

3.9　Web APIの登録例：UPS APIの使い方　*64*

3.10　Tracking API　*71*

3.11　その他のWeb APIサービス提供会社　*73*

3.12　APIとEDIの将来性について　*74*

第4章　船社のオンラインサービスおよびモバイルアプリ.............. 77

4.1　主要船社のオンラインサービス　*77*

4.2　オンラインサービスの利用手順　*80*

4.3　モバイルアプリによるサービス　*90*

第5章　NACCS関連業務... 99

5.1　NACCSの導入手順　*103*

5.2　NACCSの回線　*104*

5.3　NACCSにおけるEDIの接続形態とネットワーク構成　*105*

5.4　NACCS EDI電文　*108*

5.5　EDIFACT対象業務一覧　*110*

第6章　外航海運業務における新テクノロジー....................... 113

6.1　デジタル化をドライブするIoT　*113*

6.2　注目を浴びるブロックチェーン　*117*

6.3 重要になるセキュリティ *121*

付録 1 外航海運業務関連国連標準メッセージ（UNSMs）機能定義一覧 *129*
付録 2 EDI 仕様書 *135*

おわりに *179*
参考文献 *181*
索引 *185*

第1章 外航海運業務における データの流れ

1.1 貿易関連書類

　グローバルな情報流がなければ，物流は不可能である。ひとつの貿易商品が，売り手から買い手まで無事確実に届き，商品代金を受け取るまでには，契約から始まり，法令に基づく金融，保険，輸送，通関，検数検量，等々の各種の手続きを必要とする。これらの情報は，紙ベースまたは電子形式で提供され，交換される。いわゆる取引書類である。

　このように貿易は，商談（商流），商品の提供（物流），代金の回収（金流）に伴う情報の提供（情報流）から成り立つ。

1.1.1　UNECE 貿易文書の分類

　貿易文書は，発生した部門によって分類することができる。UNECE（国際連合欧州経済委員会）は貿易文書を，商取引部門，決済部門，物流および関連サービス部門，公的管理部門の4種類に分類している。以下はそれぞれの部門における文書をまとめたものである。

・商取引部門の文書

　国際貿易におけるパートナー間で交換された情報，入札者と仲裁人とのやりとり，契約の締結などが含まれる。例としては，オファー（Offer），見積書（Quotation），注文書（Order），見積もり送り状（Pro-forma Invoice），および発送通知書（Dispatch Advice）などがある。

- 決済部門の文書

国際貿易のパートナーと銀行の間で交換される書類のことを指す。たとえば，コマーシャルインボイス（Commercial Invoice），着払い通知（Collection Payment Advice），荷為替信用状（Documentary Letter of Credit），銀行為替手形（Banker's Draft）などが含まれる。

- 物流および関連サービス部門の文書

輸送に付随する，貿易相手と運送業者との間の取引に関連する書類である。すなわち，貨物の移動，処理，および保証に関連するものである。これらには，船積依頼書（Booking Request），貨物明細書（Consignment Notes），ドックレシート[1]（Dock Receipt），船荷証券（Bill of Lading），貨物マニフェスト（Cargo Manifest），運賃請求書（Freight Invoice），到着通知書（Arrival Notice），保険契約書（Insurance Policy）および倉庫領収書（Warehouse Receipt）などの文書が含まれる。

- 公的管理部門の文書

物品の輸出，輸送および輸入のためにさまざまな公的機関によって行われる物品の管理に必要とされる。税関申告書（Customs Declaration Form），検疫証明書（Sanitary and Phytosanitary Certificate），原産地証明書（Certificate of Origin），危険物申告書（Dangerous Goods Declaration）が含まれる。

1.1.2　貿易文書の機能

上記のように，それぞれの貿易文書の発行者は異なり，またそれぞれ異なる機能を果たす。同時にこれらは異なる形で情報をサポートする。たとえば，商業用請求書は売り手と買い手の間の支払いに必要な書類であるが，商品の分類と評価のために税関でも使用されており，通関手続きのための補助書類として提出しなければならない。

第1章　外航海運業務におけるデータの流れ　11

1.2　外航海運業務フロー

外航海運業務は運賃契約を結ぶことから始まり，輸入者側がデバンニングして空のコンテナを船社へ返却することで終わる。その流れの中で，輸出入当事者，フォワーダー，税関，船社など多くの関係者の間で，運賃契約書，船積依頼書，空バンピックアップオーダー，税関申告書，運賃請求書，船荷証券，到着通知書など多くの書類がやり取りされる。

図表1-1は業務フローとそれに伴う書類・情報を発生順に示したものである。

図表 1-1　外航海運業務における当事者と関連書類・情報

誰が	何をする	関連書類・情報の例
輸出入の当事者 フォワーダー[2]	1. 船社と輸送契約を締結し，運賃を決める。	運賃契約書（Rate Contract）
輸出者 フォワーダー	2. 船社に貨物の船積を依頼。	船積依頼書（Booking Request）
	3. 輸出貨物を保税地域に運ぶ。	空バンピックアップオーダー (Container Pick up Order)
	4. 船積依頼書に基づいて税関に輸出申告を行う。	税関申告書 (Customs Declaration Form)
税関	5. 税関は必要に応じて書類審査，現物検査を行い，輸出許可を出す。	
船社	6. 船積を行う。	本船やコンテナの動静 (Vessel/Container Status)
輸出者 フォワーダー	7. 先払い運賃や諸費用を支払う。	運賃請求書（Freight Invoice）
船社	8. 積港から出港後，船荷証券を発行。荷揚港に着く前に貨物到着通知書を発行。	船荷証券（Bill of Lading） 到着通知書（Arrival Notice）
輸入者 フォワーダー	9. 輸入申告を行う。着払い運賃や諸費用を支払う。実入りコンテナをピックアップし，デバンニングしてから空バンを船社へ返却。	税関申告書 (Customs Declaration Form) 運賃請求書 (Freight Invoice)

1.3　外航海運業務における情報流一覧

　貨物の移動に伴い，さまざまな情報交換が行われる。図表 1-2 に主な情報交換を輸出入別にまとめた。これまで，これらの情報交換は基本的に紙ベースで行われていたが，電子データで行われるようになってきている。本書の目的は，こうした外航海運業務の電子化について，その現状と将来を解説するものである。そのために，まずここで情報の流れを理解しておこう。

図表 1-2　海上輸出入における情報流

分類	情報名	行うこと	情報送信者	情報受信者
輸出	船積依頼情報 （Booking Request）	輸出者または代理のフォワーダーが，船社に船積手続依頼，または船積して輸入地へ届けるまでの輸送依頼を行うために使用する。	輸出者フォワーダー	船社
	ピックアップオーダー情報 （Pickup Order）	輸出者またはフォワーダーが CYOP[3]（Container Yard Operator）に対して，空コンテナの貸出を要求するために使用する。	輸出者フォワーダー	CYOP
	ピックアップオーダー回答情報 （Pickup Order）	CYOP が輸出者またはフォワーダーに対して，「ピックアップオーダー情報」に対する空コンテナ貸出の可否を通知するために使用する。	CYOP	輸出者フォワーダー
	空コンテナ運送依頼情報 （Empty Container Delivery Order）	輸出者またはフォワーダーが陸運業者に，空コンテナを CY（Container Yard）から出荷場所まで運送することを依頼する。	輸出者フォワーダー	陸運業者

第1章 外航海運業務におけるデータの流れ　13

分類	情報名	行うこと	情報送信者	情報受信者
輸出	搬入予定情報 (Gate-in)	輸出者またはフォワーダーがCYOPに対して，コンテナ貨物ごとの搬入希望日などを通知するために使用する。この情報は輸送契約単位につくられる。	輸出者 フォワーダー	CYOP
	搬入予定回答情報 (Gate-in)	CYOPが輸出者またはフォワーダーに対して，「搬入予定情報」に対する受託の可否を回答するために使用する。	CYOP	輸出者 フォワーダー
	輸出貨物情報 (Shipping Instruction)	Dock Receipt（D/R）情報とも言う。輸出者またはフォワーダーが船社に対して，輸送契約に必要な貨物情報を通知するために使用する。この情報は輸送契約単位につくられる。	輸出者 フォワーダー	船社
	コンテナ内積付表情報 (CLP ⁽⁴⁾ 情報)	輸出者またはフォワーダーがCYOPに対して，コンテナごとの積荷明細情報とコンテナ荷扱い情報を通知するために使用する。この情報はコンテナ単位につくられ，複数の輸送契約の貨物明細が含まれることがある。	輸出者 フォワーダー	CYOP
	搬入要求情報 (Gate-in Request)	陸運業者がCYOPに対して，コンテナ貨物のCYへの搬入を日時を指定して要求するために使用する。この情報はコンテナ単位でつくられ，コンテナ貨物の重量などの確定情報を通知する。	陸運業者	CYOP
	搬入要求回答情報 (Gate-in Request)	CYOPが陸運業者に対して，「搬入要求情報」に対する受託の可否を回答するために使用する。受託できない場合は，代替日時候補を通知する。	CYOP	陸運業者
	運賃確定情報 (Freight Invoice)	船社から輸出者またはフォワーダーに対して，確定した運賃内容を通知するために使用する。この情報は輸送契約単位につくられる。	船社	輸入者 フォワーダー

分類	情報名	行うこと	情報送信者	情報受信者
輸入	本船到着案内情報 (Arrival Notice)	船社が輸入者またはフォワーダーに対して，または NVOCC[5] ライセンスを持つフォワーダーが輸出者に対して，本船の入港日時を通知するために使用する。また，船社から輸入者への着払い運賃の請求にも使用する。この情報は輸送契約単位につくられる。	船社 フォワーダー	輸入者 フォワーダー
	輸入手続依頼情報 (Import Forwarding Service Request)	輸入者がフォワーダーに対して，CY からコンテナ貨物を引き取り，通関手続きのうえ希望する日時までに荷受場所に届けるまでの一連の作業と手続きを依頼するために使用する。この情報は輸送契約単位につくられる。	輸入者	フォワーダー
	搬出予定情報 (Gate-out)	輸入者またはフォワーダーが CYOP に対して，コンテナ貨物ごとの搬出希望日などをデリバリーオーダー（Delivery Order（D/O）） 番号とともに通知するために使用する。この情報は輸送契約単位につくられる。	輸入者 フォワーダー	CYOP
	搬出予定回答情報 (Gate-out)	CYOP が輸入者またはフォワーダーに対して，「搬出予定情報」に対する受託の可否を回答するために使用する。受託した場合はこの情報でコンテナピックアップ番号を通知する。	CYOP	輸入者 フォワーダー
	搬出要求情報 (Gate-out)	陸運業者が CYOP に対して，搬出日時を指定して CY への搬出を要求するために使用する。この情報はコンテナ単位につくられる。	陸運業者	CYOP
	搬出要求回答情報 (Gate-out)	CYOP が陸運業者に対して，「搬出要求情報」に対する受託の可否を回答するために使用する。受託できない場合は，代替日時候補を通知する。	CYOP	陸運業者

第 1 章　外航海運業務におけるデータの流れ　　15

分類	情報名	行うこと	情報送信者	情報受信者
共通	パッキングリスト情報 (Packing List)	輸出者またはフォワーダーが輸入者またはフォワーダーに対して，商品の梱包明細情報を通知するために使用する。この情報はその他の関係者間でも授受される。この情報は商品売買単位につくられ，コンテナごとの商品明細情報も記載される。	輸出者 フォワーダー	輸入者 フォワーダー
	船荷証券情報 (Bill of Lading)	船社が輸出者またはフォワーダーに対して，または NVOCC ライセンスを持つフォワーダーが輸出者に対して，輸送契約内容を通知するために使用する。この情報は輸送契約単位につくられる。	船社 フォワーダー	輸出者 フォワーダー
	CY 搬入済通知情報 (CY out)	CYOP が通関業者に対して，当該コンテナ貨物の税関への搬入確認登録が済んだことを通知する。この情報は輸送契約単位につくられる。	CYOP	通関業者
	陸送依頼情報 (Land Transportation Request)	輸出者または輸出側のフォワーダー，輸入者または輸入側のフォワーダーが陸運業者に対して，貨物の陸送を依頼するために使用する。輸入物流においては，この情報でコンテナピックアップ番号を通知する。この情報は陸送依頼の単位につくられる。	輸出者 輸入者 フォワーダー	陸運業者

※ http://www.butsuryu.or.jp/asset/39740/view を基に著者が作成

【注釈】

(1)　Dock Receipt：D/R とも言う。コンテナ貨物が船社のコンテナヤードに搬入された時に発行される。船社はこの情報を基に船荷証券（B/L）を作成する。日本においては輸出入・港湾関連情報処理センター（NACCS）経由で所定のフォームに入力して作成するのが一般的。

(2)　フォワーダー（Forwarder）：国際物流のコーディネーター。厳密に言うと，海運以外にも，航空，陸運の手配なども行う。本書では，海上運送事業，港湾運

送事業，通関事業をすべてカバーする意味から，便宜上フォワーダーと表記する。
(3) CYOP：ターミナルオペレーターとも言う。
(4) CLP 規 則（Regulation on Classification, Labelling and Packaging of substances and mixtures）は，EU における化学品の分類，表示，包装に関する規則であり，2009 年 1 月 20 日に発効した。
(5) NVOCC（Non Vessel Operating Common Carrier）：日本語訳では，「非船舶運航一般輸送人」となる。NVOCC は貨物の本来の荷主に対して運送人となり，船荷証券（B/L）を発行することができる。この B/L は，船社が発行するマスター（Master）B/L と区別し，ハウス（House）B/L と呼ばれる。

第2章 外航海運における EDI

2.1 EDI

EDI[1]とは Electronic Data Interchange（電子データ交換）の略で，従来の紙をベースとした取引，手続きなどをコンピュータと通信回線を利用して行おうとするものである。ビジネスサイクルの迅速化に伴う在庫量の減少や，データ処理による発・受信者側での手間や入力ミスの大幅な削減とともに，データの即時，多目的利用が可能となる。

2.2 EDI の利点

EDI の主な利点としては，①業務の効率化，②コスト削減，③データ品質の向上，④大量取引の迅速な処理などが挙げられる。

- 業務の効率化

    EDI により，効率を高める統合ビジネスプロセスが可能になり，発信側と受信側両者でのビジネスプロセスをより合理化できる。処理時間が短縮され，業務全体の効率が向上する。

- コスト削減

    業務が自動化されることで人件費が削減できる。また，電話やファックスの費用を削減することができる。

- データ品質の向上

    人の介入がない（または最小限のレベル）ことで，データの再入力を避け，

エラーの可能性を減らすことができる。
- 大量取引の迅速な処理

人の介入を必要とせず，大量の処理が短時間で可能になる。また，業務量に合わせたシステムの拡張が容易である。

2.3　EDIの特徴

EDIには3つの特徴がある。まず，「電子データ」は「再処理可能なデータ」であること。換言すれば，定型的な書式（フォーマット）であることが必要である。伝票をスキャナやデジタルカメラで「電子化」したものは対象外である。2つ目は「自動的に」データ交換できること。それに対して，Webの画面に人手でデータを入力する方式は厳密にはEDIとは呼ばない。3つ目は「標準に基づく」こと。企業独自のデータ形式での交換もEDIと呼ぶ場合があるが，一般には可能な限り広く合意された標準に基づいたデータ交換が望ましいとされている（図表2-1）。

図表2-1　EDIのイメージ

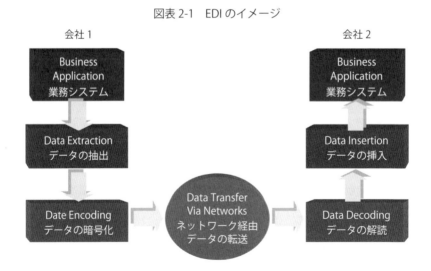

つまり，EDI は 2 つのパートナー間のアプリケーションとアプリケーションの接続であり，構造の決められている事前定義された標準フォーマットでビジネス文書を交換する。電子データ交換において使われるデータの構造には，国・地域や業界によっていくつもの規格がある。外航海運業務はその業務が国際的であることから，国際基準に準ずるデジタルテクノロジーに対応する必要があると言える。代表的な規格としては以下の 3 つがある。

① 欧州で開発され，国際的に承認された標準構造 UN/EDIFACT[2]（運輸，商業，輸送のための電子データ交換の国連規則）

② アメリカで認定基準委員会（ASC X12）（政府，輸送機関，コンピュータメーカーからなる）が承認した ANSI X12[3]

③ XML[4] をベースとした ebXML[5] 構造

2.4　UN/EDIFACT

国連では UN/CEFACT（United Nations Centre for Trade Facilitation and Electronic Business：貿易簡易化と電子ビジネスのための国連センター）で，可変長メッセージと XML 言語による EDI 標準仕様が開発管理されている。国連経済社会理事会の地域経済委員会の一つである UNECE（United Nation/Economic Commission for Europe：国連欧州経済委員会）の中に UN/CEFACT があり，各種会議体を設置して標準化作業を行っている。

可変長メッセージの標準は，UN/EDIFACT として 1980 年代中頃より標準化の検討が開始され，1987 年に ISO[6]（International Organization for Standardization：国際標準化機構）で承認され国際規格（ISO 9735）となっている。UN/EDIFACT は，行政，商業，運輸のための電子データ交換国連規則集（シンタックスルール，実施規則集など 10 種類）である。国際貿易や航空関連分野での導入が多く見られる。日本では日本貿易関係手続簡易化協会（JASTPRO）が事務局となり，国連 CEFACT 日本委員会を設置して推進支援を行っている。外航海運業界は電気業界や自動車業界と同じく，国内や海外との EDI に UN/EDIFACT

を使用している。この点は国内流通業界が用いる BMS（Business Message Standard）と異なる。流通業界は，GS1[7]での標準仕様開発が行われていることもあり，欧米では国連標準の採用事例はほとんど無く，アジア圏でいくつかの企業が採用するにとどまっている。

輸送分野および海上輸送分野では，国際的に合意された MIG[8]作成指針および ITIGG[9]，SMDG[10]，EANCOM[11]などで作成されている国際標準 MIG をベースにして海上輸出入物流メッセージ（EDIFACT）を開発した。

図表 2-2　国際標準メッセージと海上輸出入物流メッセージ

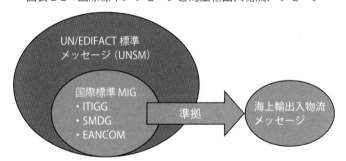

出所：公益社団法人日本ロジスティクスシステム協会ホームページより

UN/EDIFACT はグローバルに受け入れられ，国際的に使われている EDI 標準であり，現在のバージョン（バージョン 3）を使用する EDIFACT 電文の構文（Syntax）はいくつかの必須セグメントと条件付きセグメントによって構成される。この構造は，インターチェンジ（Interchange），グループ（Group），メッセージ（Message）[12]，セグメント（Segment）[13]，要素（Element）[14]という 5 つのレベルで構成される。

通常，メッセージタイプには，次の例のとおり 6 文字を用いる。
- IFTMBF（ブッキング：Booking Request）
- IFTMBC（ブッキング確認：Booking Confirmation）
- IFTMIN（船積情報：Shipping Instruction）

- INVOIC（運賃請求書：Invoice）
  ⋮

  セグメントタグは，下記の例のとおり 3 文字で構成される。
- NAD（Name and Address）
- LOC（Location）
- DTM（Date and Time）
  ⋮

EDI 電文のフォーマットについては，2.8 節において詳しく説明する。また，付録 2 に UN/EDIFACT メッセージ電文仕様書の例文を記載してあるので，あわせて参照してほしい。さらに，EDIFACT について深く知りたい方は，UN ホー

図表 2-3　UN/EDIFACT の例

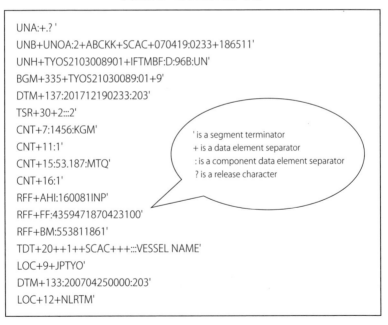

※各セグメントは，読みやすくするために改行して記載している。実際の電文はすべてのデータを改行なしで書く。

ムページ（英文）をお薦めする（http://www.unece.org/cefact/edifact/welcome.html）。

図表 2-4　UN/EDIFACT 標準メッセージの説明

標準メッセージ コード	標準メッセージ名	標準メッセージの説明
DESADV	Despatch Advice	発送された貨物または発送準備中の貨物に関する詳細内容を指定するメッセージ。
IFTMAN	IFTM [15] Arrival Notice	輸送サービス提供者から契約書に記載されている当事者に対して貨物の到着を通知するメッセージ。
IFTMCS	IFTM Instruction Contract Status	フォワーディング，輸送サービス提供者から輸送依頼者に対して輸送契約内容を通知するメッセージ。輸送者間での契約情報の交換にも使用できる。
IFTMIN	IFTM Instructions	依頼者からフォワーディング，輸送サービス提供者に対してサービスを依頼するメッセージ。
IFTSTA	International Multimodal Status Report	合意された当事者間で輸送ステータスおよび／または輸送ステータスの変化を報告するメッセージ。
COPARN	Container Announcement	コンテナのリリース，利用，受け入れ，呼び出しの指示，またはコンテナの到着通知を含むメッセージ。
COPINO	Container Pre-notification	内陸輸送者がコンテナの配送とピックアップを通知するメッセージ。
COSTCO	Container Stuffing/ Stripping Confirmation	指定された貨物，輸送品が LCL コンテナに積み込まれた，または取り出されたことを確認するメッセージ。

2.5 ANSI X12

EDI のルーツを探ると，アメリカの鉄道会社間の輸送情報のやり取りのために 1975 年に制定された TDCC[16] 標準が世界初の EDI 標準規約とされている。TDCC 標準は 1979 年にアメリカ国家規格協会である ANSI[17] の規格（ANSI X12）として認定され，その後，多くの業界標準 EDI の原型となった。

ANSI 電文は次の階層構造を持っている。

Interchange → Functional Groups → Transaction Sets[18] → Segments → Elements

- 通常，メッセージタイプには 3 つの数字を使用する。

300（ブッキング：Booking Request）

301（ブッキング確認：Booking Confirmation）

304（船積情報：Shipping Instructions）

315（貨物情報トラッキング：Status Tracking）

- セグメントタグは，2 文字または 3 文字で構成される。

N1（Name and Address）

Y2（Container Details）

W09（Equipment and Temperature）

ANSI X12 は ASC X12[19] としても知られている。ANSI X12 の詳細については，下記ホームページを参照してほしい。

http://www.x12.org

図表 2-5　ANSI/ASC X12 の例

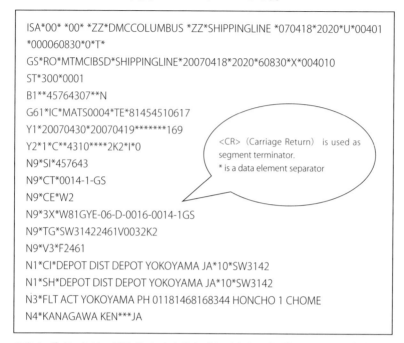

※各セグメントは，読みやすくするために改行して記載している。実際の電文はすべてのデータを改行なしで書く。

2.6　XML

　XML 技術は EDI のみならず，電子商取引を行う際のデータフォーマットとして非常に注目されている。しかし実際には，取引情報を XML で表現するためのタグ名やスキーマ[20]，そして XML 文書の交換方法やプロトコルなどを決める必要がある。XML の仕様として W3C が決めるわけではない。実際には XML を利用して取引を行う企業や業界団体などが XML の仕様を制定している。さらに，それぞれが協調して幅広い分野に対応する業務プロセスやデータ構造を統一するフレームワークをつくる動きも顕著化している。さまざまなフ

第 2 章　外航海運における EDI　　25

図表 2-6　XML を用いた EDI の例

```
<?xml version="1.0"?>
<!DOCTYPE TransportOrder SYSTEM "TransportOrder20.dtd">
      <TransportOrder>
             <Identification>
                    <BookedBy>40632913</BookedBy>
                    <PlaceOfIssue>SZH</PlaceOfIssue>
                    <BookedByContact>jodie</BookedByContact>
                    <BookedByContactNumber>86-
75582185777</BookedByContactNumber>

                    <BookedByContactEmail>jodie@szx.phoenix.com
</BookedByContactEmail>
                    <ClientVersion>0200</ClientVersion>
                    <Bookings>
                           <Booking>JODIE BAI</Booking>
                    </Bookings>
                    <TransportOrderRequestDate>2017-04-
19</TransportOrderRequestDate>
                    <ServiceContractNumber>6151</ServiceContractNumber>
                    <BookingOffice>SZH</BookingOffice>
                    <ControlNumber>40632913040</ControlNumber>
             </Identification>
             <Route>
                    <ServiceFrom>CY</ServiceFrom>
                    <ServiceTo>CY</ServiceTo>
                    <PlaceofReceipt>
                           <LocationCode>CNYTN</LocationCode>
                           <RequestedDate>2017-05-02</RequestedDate>
                    </PlaceofReceipt>
             </Route>
</TransportOrder>
```

レームワークが提唱され，普及のための活動が日本でも活発になってきている。ebXML はその 1 つである。

　ebXML は，電子商取引のための XML 利用を検討しているグループと，その仕様のことを指す。1999 年 11 月に UN/CEFACT と OASIS[21] が共同で ebXML イニシアチブを立ち上げて，仕様開発活動を開始した。ebXML には，国際標準化団体，各国の標準化機関，国際的民間コンソーシアム，企業などが多数参加している。詳細はホームページ（http://www.ebxml.org/）で参照できる。2001 年には主要な ebXML 仕様として初版を公開した。

　ebXML は以下のような複数の仕様で構成されている。

① ebXML Message Service：メッセージ伝送
② ebXML Collaboration Protocol Profile and Agreement：取引企業の能力および合意の記述
③ ebXML Business Process Specification Schema：企業間取引プロセスの記述
④ ebXML Registry：企業情報の登録簿
⑤ ebXML Core Components：取引伝票の構成要素のモデル

　ebXML イニシアチブは期限付きで設置された組織であり，初版の仕様の完成をもって解散した。その後は，業務関連の各仕様（取引伝票の構成要素のモデルなど）は UN/CEFACT で，IT 関連の仕様（メッセージ伝送）は OASIS で，維持・改版が継続されている。なお，ebXML 仕様は ISO（ISO/TS 15000）で承認された国際規格である。

　ebXML の特徴としては，以下の 3 点が挙げられる。

① タグを使用してその内容を記述する（開始タグと終了タグをペアとして使用）。
② ドキュメントフォーマットとしては，シンプルさ，読みやすさ，およびクロスプラットフォーム性を持つため，ビジネスおよび技術分野で普及している。
③ ebXML EDI ファイルのサイズは，一般的に EDIFACT や ANSI フォーマットよりも大きい。

第 2 章　外航海運における EDI　　27

| コラム 1 | **ebXML 用語の解説** |

Registry（レジストリー）

ebXML が動作するために必要な各種のデータを保管している中央サーバ。レジストリーが XML 形式で使用可能にする情報としては，Business Process & Information Meta Models, Core Library, Collaboration Protocol Profile, Business Library などがある。基本的には，ある企業が他の企業と ebXML を利用した取引を開始したいと考える場合，レジストリーに照会して適切なパートナーを探し出し，そのパートナーと取引するための要件に関する情報を見つける。

Business Process（ビジネスプロセス）

企業が携わることができるアクティビティー，および，一般に企業が単数または複数のパートナーを必要とするアクティビティー。ビジネスプロセスは，正式には，Business Process Specification Schema によって記述される。

Collaboration Protocol Profile（CPP）

ebXML トランザクションの実行を希望する企業がレジストリーに登録したプロファイル。CPP は，企業のいくつかのビジネスプロセスを指定するほか，企業がサポートするいくつかのビジネスサービスインターフェースについても指定する。

Business Service Interface（ビジネスサービスインターフェース）

企業が自社のビジネスプロセスに必要なトランザクションを実行できるようにする方法。ビジネスサービスインターフェースには，企業がサポートするビジネスメッセージのほか，これらのメッセージが使用するプロトコルも含まれている。

Business Message（ビジネスメッセージ）

ビジネストランザクションの一環として通信される実際の情報。1 つのメッセージには複数の階層が含まれている。最も外側の階層では，実際の通信プロ

トコル（たとえば，HTTP や SMTP など）が使用されなければならない。SOAP は，メッセージ「payload（ペイロード）」のエンベロープとして使用するのを推奨する。他の階層は，暗号化や認証を処理する。

Core Library（コアライブラリー）
大型の ebXML エレメントに使用できる標準のパーツのセット。たとえば，コアプロセスはビジネスプロセスから参照できる。コアライブラリーは ebXML イニシアチブによって提供され，大型エレメントは特定の産業または企業によって提供される場合がある。

Collaboration Protocol Agreement（CPA）
本質的には，複数の企業間の契約を言い，該当する会社の CPP から自動的に取り出すことができる。CPP で「わたしは X を行うことができる」と決める場合，CPA は「われわれは共同で X を行うつもりである」と自動的に実行する。

Simple Object Access Protocol（SOAP）
ebXML イニシアチブによって承認された分散環境における情報交換のための W3C プロトコル。ebXML に関係するのは，エンベロープ（メッセージの内容とその処理方法を記述するためのフレームワークを定義する）としての SOAP の機能である。

出所：https://www.ibm.com/developerworks/library/x-ebxml/index.html より
　　（2018 年 1 月閲覧）

2.7 EDI 電文

　図表 2-7 と図表 2-8 は，船社と荷主，税関，ターミナル間で ANSI/EDIFACT を使う場合の EDI 電文規格などの詳細を一覧にしたものである。

図表 2-7　荷主や税関を対象とする電文の一覧

機能	ANSI	EDIFACT			情報流
	電文タイプ	電文タイプ	バージョン		
Sailing Schedule	323	IFTSAI	D99B	D96B		船社から荷主へ
Booking Request	300	IFTMBF	D94B	D97B	D99B	荷主から船社へ
Booking Confirmation	301	IFTMBC	D94B	D97B	D99B	船社から荷主へ
Shipping Instruction	304	IFTMIN	D94B	D99B		荷主から船社へ
Bill of Lading Confirmation	310	IFTMCS	D94B	D99B		船社から荷主へ
Arrival Notice	312	IFTMAN	D99B			船社から荷主へ
Container Status	315	IFTSTA	D94B	D96B	D99B	船社から荷主へ
Invoice	810	INVOIC	D99B			船社から荷主へ
Payment Instruction		PAYMUL	D96A			荷主から船社へ
Manifest	310	CUSCAR	D95B	D99B	D00B	船社から税関へ
Verified Gross Mass（VGM）[22]	301，304	VERMAS	D16A			荷主から船社へ

図表 2-8　ターミナル・港を対象とする EDI 電文の一覧

機能	ANSI		EDIFACT		
	電文タイプ	バージョン	電文タイプ	バージョン	
Land Container Move	322	4010	CODECO	D95B	D00B
Vessel Container Move	322	4010	COARRI	D95B	D00B
Storage Plan			BAPLIE	D95B	
Load/Discharge Plan			COPRAR	D95B	
Pre-arrival Notice	301	4010	COPARN	D95B	D00B
Stowage Pre-plan Instruction			MOVINS		
Container Release	301	4010	COREOR	D95B	
Dangerous Cargo Manifest			IFTDGN	D98B	D03A
Sailing Schedule			CALINF	D95B	
Haulage Instruction			IFTMIN		

> | コラム 2 | コンテナ貨物総重量の確定方法 |
>
> IMO（International Maritime Organization：国際海事機関）が定める「海上における人命の安全のための国際条約（SOLAS 条約）」は従前より国際海上コンテナの総重量を船長に提出することを荷送人に義務付けていたが，総重量の誤申告に起因するとみられる事故が発生しつづけている。こうした状況のもと，IMO はこの度 SOLAS 条約を改正し，船積前に船社，港湾に対し，正確なコンテナ総重量（Verified Gross Mass）の事前連絡が必要との内容をまとめ，IMO 加盟国に対しこのルールの遵守を促していた。これを受け，IMO 加盟国は独自の，もしくは改正条約に追加条件を付け足す形をもって，各国の法令に即したルールを制定することとなった。この改正は，2016 年 7 月 1 日に発効した。
>
> 総重量の測定は，輸出国の規格に則った測量器をもって，2 つの方法のいずれかを選択することが可能。方法 1 では，バンニング後のコンテナの総重量を測量する。方法 2 では測量された貨物の重量とコンテナ自重を足し合わせる。総重量の連絡がない場合，船積はされない。また，SOLAS 条約に従わない場合，政府当局から罰金・罰則がかせられる可能性がある。

2.8　EDI のデータフォーマット運用基準書

EDIFACT 標準は，EDI の送信または交換の構造と内容を定義する。伝送媒体または通信プロトコルについての定めではない。

2.8.1　インターチェンジの構造

EDIFACT 構文（Syntax）を用いる EDIFACT 送信（データ交換）は，数多くの必須または条件付きのサービスセグメントより構成される。各メッセージはユーザーセグメントで構成されている。サービスセグメントとユーザーセグメントともに，3 文字の識別子で始まり，セグメントセパレータで終わる。この構造は，インターチェンジ，グループ，メッセージという 3 つのレベルで構

成されている。インターチェンジは UNA または UNB セグメントから始まり，UNZ セグメントで終了する。グループは UNG セグメントで始まり，UNE セグメントで終わる。メッセージは UNH セグメントで始まり，UNT セグメントで終了する。

インターチェンジは，図表 2-9 のように表すことができる。

図表 2-9　EDI の構造

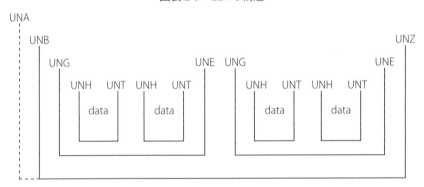

UNA（Service String Advice）セグメントは単純な固定フォーマットを持ち，電文の標準セパレータとして使用されている。UNA セグメントを省略することもできる。この場合，デフォルトセパレータセットが使用される。

最初の必須セグメントは UNB（Interchange Header）で，送信者と送信先の識別，使用される文字セットの指定，その他の管理データを持つ。

UNB セグメントは，必ず UNZ（Interchange Trailer）セグメントで終了する。このペアの一致が EDI 電文の整合性に関する第 1 レベルのチェックとなる。

1 つの EDIFACT 電文に異なるタイプのメッセージを含む場合，それぞれの異なるタイプは，UNG（Function Group Header）セグメントによって区切る。各 UNG セグメントは，UNE（Functional Group Trailer）セグメントによって終了する。

最後に，各メッセージは，必須の UNH（Message Header）セグメントによっ

て導入され，必須の UNT（Message Trailer）セグメントで終わる。UNH セグメントは，メッセージタイプとバージョンを識別する。UNT セグメントは，EDI 電文の整合性に関する第 2 レベルのチェックとなる。

　UNA，UNB，UNZ，UNG，UNE および UNT セグメントのフォーマットとコンテンツは，インターチェンジ内で運ばれるメッセージの種類に関係なく同一である。UNH セグメントのフォーマットもすべてのメッセージタイプで同じであるが，コンテンツはメッセージごとに異なり，メッセージ仕様の一部として定義される。一部のメッセージの中には，メッセージの 2 つの主要部分の間の内部セパレータとして機能する追加のサービスセグメント UNS が使用される場合がある。

　送信・受信に標準 EDI ソフトウェアパッケージが使用される場合，これらのサービスセグメントはすべて，通常，EDI ソフトウェアによって生成・処理・チェックされるので，ユーザーアプリケーションには見えない。

2.8.2　メッセージの構造

　各データセグメントは，メッセージ内のセグメントの配列に特定の場所を有する。各メッセージは，ヘッダー（Header）[23]，詳細（Detail），および概要（Summary）の 3 つのセクションで構成される。各セクションはセグメントグループとセグメントで構成される。

　ヘッダーセクションは，メッセージ全体に関連する情報を含むセグメントのグループである。ヘッダーセクション全体は反復可能ではないが，ヘッダー内でいくつかのセグメントまたはサブグループは個別に繰り返すことが可能である。

　詳細セクションは，メッセージの繰り返し要素に関連する情報を含む 1 つまたは複数のセグメントのグループであり，詳細セクションの各繰り返しをラインと呼ぶ。ただし，改行符号とラインは EDIFACT では特に重要ではないことに留意しなければならない。

　概要セクションは，合計情報または制御情報を含むセグメントのグループで

ある。たとえば，請求書の合計金額または発注書の行数などである。ヘッダー
セクションと同様に，メッセージごとに1回だけ使われる。

3つのメッセージセクションのシーケンスは，図表2-10のように表すこと
ができる。

図表2-10　メッセージセクションのシーケンスの例

Header section	UNH.....BGM.....	....	....
Detail section	LIN.......	QTY............................	....
	LIN.......	QTY............................	....
Summary section	CNT.....UNT.....		

メッセージ内で，機能的に関連するセグメントの特定のグループが繰り返さ
れてもよい。これらのグループはセグメントグループと呼ばれる。特定の位置
における特定のセグメントグループの最大反復回数は，メッセージ仕様に定め
られている。セグメントグループは，他のセグメントグループ内にネストする
こともできる。

2.8.3　セグメントの構造

セグメントは以下の要素により構成されている。データ要素の長さは固定ま
たは可変の2種類がある。また，データ要素は別のデータ要素によって定義す
ることができる。
- 識別用3文字のセグメントタグ
- データ要素セパレータ
- データ要素
- セグメントターミネータ

2.8.4　2つのEDIFACTセグメントの例

上記で説明した原則を説明するために，DTM（Date/Time/Period：日付／時

第2章　外航海運におけるEDI　　35

間／期間）セグメントとNAD（Name/Address：名前と住所）セグメントの2
つの標準EDIFACTセグメントを示す。

• DTMセグメント

　DTMセグメントは，日付，時間，または期間を表す必要がある任意のコ
ンテキストで使用される。セグメントタグDTMと，3つのコンポーネント
を持つ1つの複合データ要素で構成されている。

図表 2-13　DTM の例

例1	
DTM+137:20180401:102'	
DTM	Segment tag, identifying a Date/time/period segment
+	Data element separator
137	Date qualifier, indicating that this DTM segment carries the date of message
:	Component data element separator within a composite
20180401	Date:1 April 2018, in the format specified by the date format qualifier
:	Component data element separator
102	Date format qualifier, indicating the format CCYYMMDD
'	Segment terminator.
例2	
DTM+44:201804:610'	
DTM	Segment tag, identifying a Date/time/period segment
+	Data element separator
44	Date qualifier, indicating that this DTM segment carries an availability date（eg the expected publication date of a forthcoming book）
:	Component data element separator
20180401	Date: 1 April 2018, in the format specified by the date format

	qualifier
:	Component data element separator
610	Date format qualifier, indicating the format CCYYMM
'	Segment terminator.

・NAD セグメント

　NAD セグメントは，個人または企業の名前と住所を表す必要がある場合に使用される。セグメントタグ NAD，NAD セグメントの機能を指定する修飾子（Qualifier），および合意されたコードによって名前およびアドレスを表すデータ要素から構成される。

図表 2-14　NAD の例

NAD+BY+5012345678987::9'	
NAD	Segment tag, identifying a Name and address segment
+	Data element separator
BY	Party qualifier, indicating that this NAD segment identifies the buyer in a purchase transaction
+	Data element separator
5012345678987	EAN location number identifying a corporate name and address
::	Two component data element separators, indicating that a component data element has been omitted
9	Code list agency identifier for EAN
'	Segment terminator.

　これらの標準セグメントは，EDIFACT メッセージを構築する「構築ブロック」である。

2.8.5 文字符号セット（Character Set）

EDIFACT 標準では，UNB セグメントの UNOA，UNOB，UNOC，…UNOF によって対応する文字符号セットが異なる。UNOA と UNOB は，ISO 646 と ISO 6937 の基本 ASCII 文字セットに対応する。UNOC から UNOF までは ISO 8859 のパート 1，パート 2，パート 5，およびパート 7 に定義されているアルファベットに対応する。

図表 2-11　文字符号セットの例

Letters, Upper Case	アルファベット大文字	A 〜 Z
Numerals	数字	0 〜 9
Space Character	スペース	
Full Stop	ピリオド	.
Comma	コンマ	,
Hyphen／Minus Sign	ハイフン／マイナス記号	-
Opening Parentheses	左括弧	(
Closing Parentheses	右括弧	)
Oblique Stroke（Slash）	スラッシュ	/
Equal Sign	等号	=
Exclamation Mark	ビックリマーク	!
Quotation Mark	クォーテーションマーク	"
Percentage Sign	パーセンテージ記号	%
Ampersand	アンパサンド	&
Asterisk	アスタリスク	*
Semi-colon	セミコロン	;
Less-than Sign	小なり記号	<
Greater-than Sign	大なり記号	>

2.8.6 セパレータ

原則として，送信の開始時に UNA セグメントで定義しておけば，どの文字
をセパレータとして使用することも可能である。実際には，図表 2-12 のセパ
レータが最も広く使用されている。

図表 2-12　よく使われるセパレータの例

'	セグメントターミネータ（Segment Terminator）
+	セグメントタグとデータ要素のセパレータ （Segment Tag and Data Element Terminator）
:	コンポーネントデータ要素セパレータ （Component Data Element Separator）
.	小数点（Decimal Point，数値データ要素のみ）
?	リリースキャラクター（Release Character）

リリースキャラクターの機能は，セパレータとして定義されている符号を
通常の意味で使用できるようにすることである。たとえば，＋と？を区切り記
号として使用する場合，国際電話番号は頭に「?」を入れ，「?+81 3 1234 5678」
と表し，疑問符の場合は，同じく頭に「?」を入れ，「??」と表現する。リリー
スキャラクターは，EDIFACT データ要素に対して定義された最大長にはカウ
ントされない。

以上の知識で EDI 仕様書を読むことが可能であるが，さらに詳しく知りた
い場合は，日本郵船のホームページで，外航海運業務における詳しい EDI 仕
様書（EDIFACT と ANSI の両方）を閲覧できる。

第 2 章　外航海運における EDI　　39

図表 2-15　日本郵船が提供する EDI 一覧

NYK MIGs	
NYK 300 (Std)	NYK APERAK D99B (Std)
NYK 300 (A4)	NYK APERAK D99B (A4)
NYK 301 (Std)	NYK IFTSTA D99B (Std)
NYK 301 (A4)	NYK IFTSTA D99B (A4)
NYK 304 (Std)	NYK IFTSAI D99B (Std)
NYK 304 (A4)	NYK IFTSAI D99B (A4)
NYK 310 (Std)	NYK IFTMIN D99B (Std)
NYK 310 (A4)	NYK IFTMIN D99B (A4)
NYK 310 INVOICE (Std)	NYK IFTMCS D99B (Std)
NYK 310 INVOICE (A4)	NYK IFTMCS D99B (A4)
NYK 312 (Std)	NYK IFTMBF D99B (Std)
NYK 312 (A4)	NYK IFTMBF D99B (A4)
NYK 315 (Std)	NYK IFTMBC D99B (Std)
NYK 315 (A4)	NYK IFTMBC D99B (A4)
NYK 322 (Std)	NYK IFTMAN D99B (Std)
NYK 322 (A4)	NYK IFTMAN D99B (A4)
NYK 323 (Std)	NYK INVOIC D99B (Std)
NYK 323 (A4)	NYK INVOIC D99B (A4)
NYK 824 (Std)	NYK_VERMAS_D16A_Std_(Partner_to_NYKLINE)
NYK 824 (A4)	NYK_VERMAS_D16A_Std_(NYKLINE_to_Partner)

出所：https://www.nykline.com/ecom/staticpage/help/ecommerce/migs.html より
　　（2018 年 1 月閲覧）

2.9　通信プロトコル

　インターネットの驚異的な普及とその経済性によって，インターネットを基
盤とする情報通信技術が，企業規模に関係なく，かつ地理的な制約を超えて，
産業横断的な電子商取引のインフラを形成しつつある。これは言い換えると，

UN/EDIFACT など在来型 EDI の恩恵にあずかることができなかった中小企業にとっても，XML/EDI 技術により，いつでも，どこに居てもネットワークや情報端末を介して，さまざまなサービスが受けられることを意味する。その一方で，インターネット関係の技術革新の急進性と多様性は，国や地域，産業界を横断する相互運用性やデータの互換性といった問題を顕在化させ，新しい標準の確立が必要となっている。

異なる企業のコンピュータ同士で自動的にデータをやり取りする EDI を実施・実現するためには，データが間違いなく送受信できるように，データ要素，コード，伝送フォーマットといった，やり取りの手順を細かく決めておく必要がある。それが通信プロトコルと呼ばれるものである。もともとプロトコル（Protocol）とは外交で条約の運用細則を規定した議定書の意味で，通信プロトコルは通信のやり取りに関する取り決め事項をすべて記述したルールブックということができる。

日本においては，流通業界で最も古い通信プロトコルは公衆回線用の JCA 手順だが，その他にも，ISDN やデジタル専用回線用に日本チェーンストア協会が 1991 年に制定した JCA-H 手順や，全国銀行協会連合会が 1983 年に制定した全銀協手順などがある。

一方，インターネットの通信プロトコルは，主にアメリカによって制定されたものが多い。たとえば，サーバとサーバの間で大量のデータを送受信するには ebXML MS や AS2 が，サーバとクライアント（パソコンなどの端末）の間で少量のデータを送受信するには SOAP-RPC（Simple Object Access Protocol-Remote Procedure Call）の規約が制定された。日本でも，インターネットを利用した通信プロトコルは，国際的に使用実績のある標準通信プロトコルを推奨している。

第 2 章　外航海運における EDI　　41

> **コラム 3**
>
> ## EDI の 2024 年問題
>
> 　2017 年 10 月 17 日に NTT から発表された計画では,「これまで PSTN（Public Switched Telephone Network：公衆交換電話網）で提供していた固定電話サービスについて, 2024 年 1 月より IP 網への切り替えを開始。固定電話から発信される通話を順次 IP 網経由に切り替え, 2025 年 1 月までに切り替えを完了する」と発表があった。NTT が提供する ISDN「INS ネット ディジタル通信モード」が, 加入電話網（PSTN）の維持限界により使えなくなる。それに伴い, ISDN を使用しているいくつかの従来型 EDI の伝送手順（JCA 手順, 全銀協手順, TCP/IP 手順など）が実質的に使えなくなる。EDI の移行にはかなりの期間が必要になるので, ISDN 廃止により業務が影響を受けないためには, 一刻も早く対策を講じる必要があると言われている。

2.10　インターネットを利用した通信プロトコル

　インターネットの接続には, 光ファイバというガラスやプラスチックの細い繊維が光を通す通信ケーブルが使用されている。この光ファイバケーブルは, 高い純度のガラスやプラスチックが使われており, 光をスムーズに通せる構造になっている。光ファイバケーブルの特長は, 公衆回線や専用回線と比べて信号の減衰が少なく, 超長距離でのデータ通信が可能である。また, 電気信号と比べて光信号の漏れは遮断しやすいため, 光ファイバを大量に束ねても相互に干渉することがなく, 実現できる通信速度も格段に速くなっている。

　EDI システムでインターネットを利用する理由には, 大量のデータを高速に送受信できること, 通信コストが従量制ではなく定額制であることなどがある。一方, インターネットを利用する際には, データがパケットで流れている途中で, 第三者に見られ, あるいは改ざんされる可能性があるので, データを暗号化するなどのセキュリティ対策が必要であり, また, ウイルスに侵入される可能性があるのでウイルス対策が必要である。

図表 2-16　2 つの通信プロトコルの比較

プロトコル	定義	設定所要時間	セキュリティレベル
AS2 (Applicability Statement 2)	インターネット技術の標準化団体 IETF が策定した国際標準規格。Amazon やウォルマート，カルフールなど，海外の大手販売業が推奨し，流通業を中心に普及が進んでいる。1 取引あたりのデータ通信量が多く（1 万明細以上にも対応），リアルタイム処理を実現したい企業に最適。	4〜6 時間	高い
SFTP (SSH File Transfer Protocol)	「SSH File Transfer Protocol」の略で，FTP で送受信するデータを「SSH」で暗号化する，対話的なファイル転送プロトコルである。SSH の仕組みを利用して，認証情報とデータの両方が暗号化される。パスワード認証だけでなく，秘密鍵を用いての通信が可能。グローバル EDI や各種 SaaS サービスとのデータ連携，企業内や企業間でのファイル交換などに幅広く利用されている。	4〜6 時間	高い

　インターネットを利用した通信プロトコルには AS2 と FTP の 2 つのプロトコルがある。以下，この 2 つのプロトコルを詳しく解説する。

2.10.1　AS2

　AS2 は，インターネット経由でデータを高速，安全かつ確実に伝送する方法である。この方式は，デジタル証明書と暗号化を使用してセキュリティを実現している。また，ビルトイン（Built-in）確認応答が可能であり，ファイルのみをプッシュ[24]することもできる。FTP の代替手段（セキュリティ保護されたフォームを含む）ともなる。AS2 のシステム要件としては以下の 4 点が挙げられる。

- Web サーバが常に利用可能であること

- AS2準拠のソフトウェアパッケージがあること
- AS2を使用したデータ交換にはデジタル証明書が必要
- インターネット接続できる環境にあること

2.10.2 FTP

FTP (File Transfer Protocol, ファイル転送プロトコル) はEDIで最も広く使用されているプロトコルである。これは, 簡単にセットアップして管理することができる。EDIで使用する場合, 通常はログインするためのアカウントとパスワードが必要である。AS2と違って, ファイルのプッシュおよびプル[25]ができる。ビルトイン確認応答が可能である。一般的なFTP接続方法においては, パスワードやファイルを暗号化せずに送受信するため, 情報を盗まれる可能性がある。そのため, 近年, 暗号化された形式のSFTP (SSH File Transfer Protocol) とFTPS (File Transfer Protocol over SSL/TLS) が多く利用されている。

FTPシステムの要件としては, 以下の3点が挙げられる。
- 常に利用可能なWebサーバがあること
- FTP準拠のソフトウェアパッケージがあること
- インターネット接続できる環境にあること

2.10.3 EDI接続と通信プロトコルの選択方法

EDI接続するには, まずEDIを利用する意思と意欲があることが大前提である。そして, EDI定義されたフォーマットでデータを送受信できるアプリケーションを準備する。その際, 必ずしも高価なソフトウェアは必要ない。次に, 正しい構造とフォーマットでデータを出力する簡単なプログラム (EDI Translator) を用意し, インターネット接続できる環境を整える。あとはEDI導入ガイドを理解できる技術者がいればEDI接続に必要なものは揃った。

最後に, EDIプロトコルを選択する。その際には, 次の事項を考慮して決める。
- データの機密性

- 自社ソフトウェアとハードウェア[26]の準備状況
- コスト
- EDI パートナー[27]（接続相手）の環境設定

2.11　主な第三者プロバイダ

　第三者プロバイダを利用する利点の一つは，複数の船社に対応が可能ということである。船社ごとに EDI 接続するには，各船社それぞれの EDI 基準やフォーマットに合わせる必要がある。しかし，第三者プロバイダとの EDI 接続があれば，複数の船社に同時に接続することが可能になる。さらに，ハウス B/L の発行・管理業務の簡素化，ドキュメント情報入力作業の軽減，荷主への貨物追跡機能の提供，運賃管理の効率化，海外発貨物のモニタリングと効率的な管理，本船遅延率など船社評価指標の導入なども実現可能である。

　一方で，第三者プロバイダの利用には，船社との間に一つレイヤーが増えることにより，電文の送受信エラーなどが生じた場合，調査に少々時間がかかるなどのデメリットも考えられる。

　第三者プロバイダはサービスを提供し，料金を徴収する。船社側がデータを受信する場合，その料金は，荷主やフォワーダーではなく，船社が払うのが一般的である。荷主とフォワーダーは初期設定料金を除き，基本無料で使える。初期設定としては，前述した EDI 接続の要件を整える必要がある。

　以下に，主要な第三者プロバイダを挙げる。

2.11.1　INTTRA

　INTTRA は現在，最大手の第三者プロバイダである。2001 年，大手船社 5 社（CMA-CGM, Hamburg Sud, Hapag-Lloyd, Maersk Line, MSC）により設立された。5 年間で 165％の成長率を実現し，複数回 Top 100 Great Supply Chain Partners を受賞した実績がある。2010 年に ABS Capital Partners 社が株式の 51％を取得したことにより，運営会社となった。外航海運諸業務の EDI 製品

を提供する以外，可視化を重視したレポートやダッシュボード機能も充実している．本社をアメリカのニュージャージー州に置き，現在，日本を含め，アジア，ヨーロッパ，アメリカ，オセアニアに27か所の駐在所を構えている．2017年現在，50社以上の船社に対応し，165万以上のEDI接続を持ち，27％のマーケットシェアを示している．

INTTRAのサービス内容には以下のものがある．
- 船の動静確認
- ブッキング

図表2-17 INTTRA ダッシュボード画面の一例

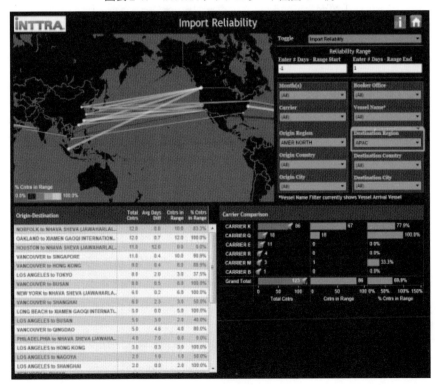

出所：INTTRA ホームページより

図表 2-18　INTTRA の提供するサービスおよび利用可能な形式

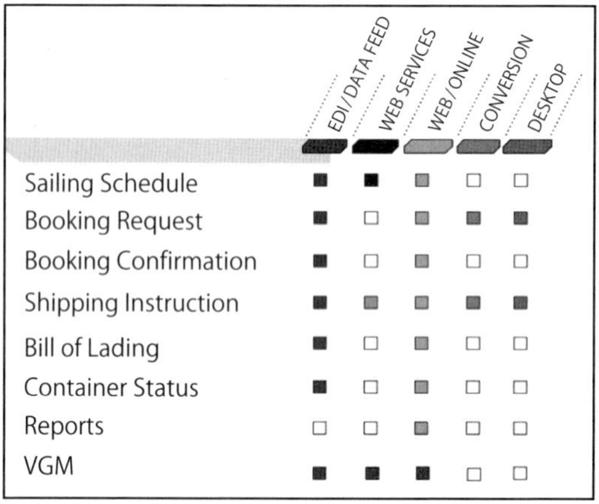

	EDI / DATA FEED	WEB SERVICES	WEB / ONLINE	CONVERSION	DESKTOP
Sailing Schedule	■	■	▨	□	□
Booking Request	■	□	▨	□	■
Booking Confirmation	■	□	▨	□	□
Shipping Instruction	■	▨	▨	□	■
Bill of Lading	■	□	▨	□	□
Container Status	■	□	▨	□	□
Reports	□	□	▨	□	□
VGM	■	■	■	□	□

※ INTTRA ホームページを基に著者が作成

- SI 作成
- コンテナの追跡と探索
- 安全に船荷証券を閲覧
- デザインレポート
- VGM 指示の管理

　さらに，EDI 接続以外に，オンラインフォーム（日本語インターフェースあり），API（第 3 章を参照）によるデータ交換などのサービスも提供している。
　INTTRA はウェブ上で LiveChat（英語以外に，スペイン語，ポルトガル語，タイ語，韓国語，中国語），電話によるサポートを提供している。日本の駐在所では，日本語を話せるスタッフが対応可能である。（2018 年現在）

2.11.2　CargoSmart

　CargoSmart は 2000 年に設立された。本社を香港に置き，大手船社 OOCL 社が出資している。船社 40 社以上と提携し，荷主や荷受人，物流企業が船積コストの軽減，実務の効率化，本船遅延リスクの低減を実現するための高度な可

視化を実現する EDI パッケージを提供している。具体的には，船積計画，契約管理，書類管理，対税関申告業務などの船積管理業務自動化，改善を促進するソリューションを提供している。

　2015 年 7 月には，ビッグデータを活用した，より高度な可視性を実現するプラットフォーム Big Schedules を発表した。船社から公表されている航海スケジュールと，船舶の位置データを積極的に利用して，検索結果を提供する，新しい無料セーリングスケジュール検索エンジンであり，http://www.bigschedules.com から入手できる。

　CargoSmart のサービスには以下のものが含まれる。
- ブッキング
- SI を含む書類の手続き
- 決済
- 貨物の追跡
- VGM 情報の管理

図表 2-19　CargoSmart ダッシュボード機能

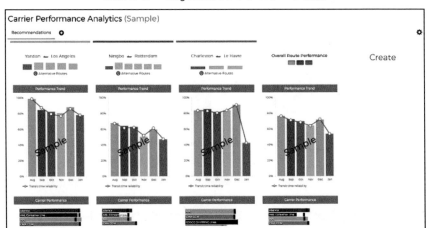

出所：CargoSmart ホームページより

2.11.3 GTNexus

GTNexus は，1999 年設立の，本社をアメリカのカリフォルニア州オークランドに置く，米系グローバル企業を得意顧客とする第三者プロバイダである。SCM（サプライチェーンマネジメント）から会計システムまで企業活動全般の戦略的管理・運営が可能であり，船積実務現場では運賃の電子入札機能が有名である。2015 年，米インフォア社により買収された。

外航海運業務においては，GTNexus は以下のサービスを提供している。

- ブッキング
- 貨物の追跡
- SI を含む書類の手続き
- 決済処理
- VGM 情報の管理

図表 2-20　GTNexus とインフォアが提供するクラウドコマース

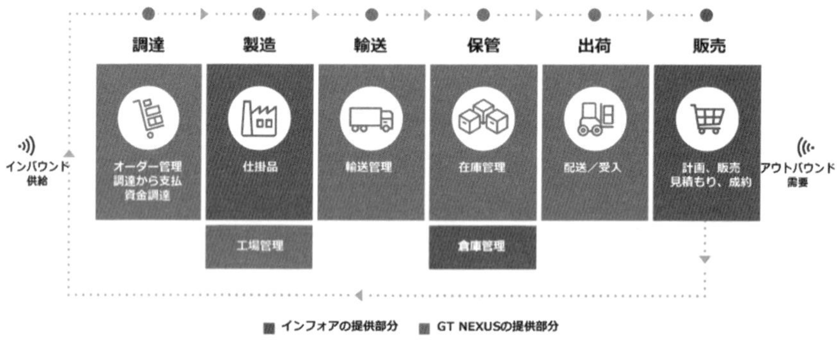

出所：インフォア社ホームページより

2.12　EDI 電文を編集・閲覧するためのソフトウェア

ここでは，EDI 電文の編集や閲覧に使いやすい無料ソフトウェアを紹介する。

この種のソフトウェアは複数存在するが，そのうちの一つをインストールしておけば，作業は可能である。

以下に代表的な無料ソフトウェアを2つ挙げた。

2.12.1 サクラエディタ

初心者もプログラマも使いやすい高機能テキストエディタであり，無料である。オープンソースで開発されており，デフォルトの背景色は淡いピンク色である。多くのプログラム形式（C/C++，Java，COBOL，HTML，CSSなど）に対応し，多彩なカラー表示，検索結果から該当ファイルへのジャンプ，文字コードや改行コードの変換，マクロのPPA/WSH対応，ソートやuniq，印刷の細かい設定，ツリー表示によるアウトライン解析，コーディングに便利なgrepやキーボードマクロ，DIFFによる差分解析などの豊富な機能を備えている。プログラム開発者にも人気が高い。

サクラエディタを使用するには，まず，https://sourceforge.net へアクセスし，現時点最新版の「sakura2-3-1-0.zip」リンクをクリックしてダウンロードする。次に，ダウンロードした圧縮ファイルを解凍し，sakura.exe から起動する。本最新版ソフトはインストール不要で利用可能。「設定」→「共通設定」→「タブバー」→「タブバーを表示する」を選択することにより，タブ形式で利用することができる。

図表 2-21　サクラエディタのダウンロード用コード（2018年7月閲覧）

2.12.2　UltraEdit

　パワフルで信頼性の高い，プログラマ向けテキストエディタである。UltraEdit はテキスト編集をはじめ，HTML と Hex（16 進エディタ），および高度な PHP や Perl，Java，JavaScript，ツリー形式の XML パーサーを含む XML の編集をサポートする。

　UltraEdit を使用するには，まず，https://www.ultraedit.com へアクセスし，日本語版をダウンロードする。体験版は 30 日間，無料で利用できる。正規版については，学生・教育研究機関用ライセンスはおよそ 50 ドル，個人・法人用ライセンスはおよそ 100 ドルで購入可能[28]である。次に，ダウンロードした EXE ファイルをインストールする。正規版購入後，体験版から認証すれば，正規版にアップグレードされ，無期限で利用可能。

　UltraEdit の主な機能は以下のとおりである。
- 64 ビットファイルの扱いが可能。
- 4GB 以上のサイズのファイルも編集可能。
- 完全な FTP サポート（FTP，SFTP，FTPS）。複数の FTP アカウントの設定と自動ログオンが可能。
- ファイル内，ファイル間の高度な検索，置換が可能。
- 80 言語のスペルチェッカーとローカライゼーションがサポートされている（アメリカ英語，イギリス英語，オランダ語，フィンランド語，フランス語，

図表 2-22　UltraEdit ダウンロード用コード（2018 年 7 月閲覧）

Windows　　　　　　　　　Mac/Linux

ドイツ語, ハンガリー語, イタリア語, スペイン語, スウェーデン語など)。
- C/C++, VB, ASP, Java, PHP, XML, HTML, JavaScript, Perl, JSON などの言語の Syntax 強調表示と事前設定がある。
- Hex モードサポート。EDI の構文エラーを容易に見つけ出す。

2.13　インターネット利用時のセキュリティ対策

インターネットは, 使い方によっては大変便利な道具だが, 残念ながら悪意をもってインターネットにアクセスする犯罪者がいるのも事実。インターネットを利用した EDI プロトコルを実施する際は, 十分なセキュリティ対策が必要である。

システム面では, インターネットなどの外部ネットワークと内部ネットワークの間にファイアウォール（自社内のコンピュータネットワークへ外部から侵入されるのを防ぐシステム）を設置して内外のデータの流れを監視し, 不要なアクセスを制限するのが一般的である。また, セキュリティホール（プログラムの設計ミスなどによって生じた, システムのセキュリティ上の弱点）対策, ウイルス（他のコンピュータに勝手に入り込んでデータを壊したり, 画面表示をでたらめにしたりするプログラム）対策, 定期的なバックアップが必要であり, 重要なデータをインターネット経由で送受信する場合は通信経路やデータ自体の暗号化対策も検討しなければならない。

運用面では, 運用ルールの策定のほか, システム関連要員のセキュリティレベルを均一にし, かつ要員が情報セキュリティについて何を実施すべきかを明確にするため, 情報管理方針や操作手順を共有する。また, 不慮の災害や事件・事故・障害などにより業務の遂行が困難になった場合の損害の範囲と業務への影響を極小化し, 早期復旧を図るために, あらかじめ緊急時対応計画 (Contingency plan) を作成しておく必要がある。特に, EDI に支障をきたすことを想定し, 支障となるケース（通信障害など）とその取引への影響度をあらかじめ洗い出し, 取引先と合意しておくことも必要である。他には外部委託す

る際の管理面の検討と，重要なデータを含む電子媒体（ハードディスク，ネットワーク，USB メモリなどの可搬媒体など）の保護対策，コンピュータを設置している部屋へ入れる人を制限するといった保護策も検討対象となる（図表 2-23）。

図表 2-23　インターネットセキュリティ対策

【注釈】
(1) EDI（Electronic Data Interchange）：電子データ交換。異なる企業間で，受発注や決済などの取引に関する情報を，広く合意された規約に基づき，コンピュータにより電子データで交換すること。
(2) UN/EDIFACT（United Nations rules for Electronic Data Interchange for Administration, Commerce and Transport）：行政，運輸，商取引のための電子データの迅速な処理を目的として，国連で定められた国際的な EDI 標準フォーマット。
(3) ANSI X12：X12（標準委員会）は，ANSI の委員会のひとつであり，北アメリカで主流的な EDI 標準。

(4) XML（eXtensible Markup Language）：拡張可能なマーク付け言語。

(5) ebXML（Electronic Business eXtensible Markup Language）：e ビジネス用拡張可能なマーク付け言語。

(6) ISO（International Organization for Standardization）：国際標準化機構。国際データ通信標準の推進に対しても責任がある。

(7) GS1：国際流通標準化機関。世界の製造，流通，サービス，行政分野において企業コード，自動認識技術（バーコード，2 次元コード，電子タグ），EDI メッセージなどの標準仕様を「GS1 標準システム」として開発し，普及推進活動を行っている非営利機関。

(8) MIG（Message Implementation Guidelines）：メッセージ実装ガイドライン。ユーザーマニュアルとも呼ぶ。

(9) ITIGG（International Transport Implementation Guidelines Group）：UN/CEFACT フォーラムの輸送関係 UN/EDIFACT 標準メッセージ開発グループである TBG3 内に設けられた開発・実装サブグループであり，MIGG 作成指針（Principles and Rules）を定めている。（https://uic.org/_static/it/best/ITIGG/downloads.htm）

(10) SMDG（Ship-Planning Message Design Group）：UN/EDIFACT ボードにより認められた汎欧州ユーザーグループで，船社／コンテナターミナル間などで使用されている UN/EDIFACT 標準メッセージおよび MIG の開発を，ITIGG で定めた MIG 作成指針に基づいて行っている。（http://www.smdg.org/index.php/documents）

(11) EANCOM：EAN International が開発した UN/EDIFACT 標準メッセージの流通関係 MIG である。GS1 のサブセットとして知られる。（https://www.gs1.org/standards/eancom）

(12) Message：メッセージはセグメントで構成されたデータの集合体。EDI に従事しているパートナー間で意味を伝えるために交換される。文書または業務セットとも呼ばれており，商取引の内容を含む。各々のメッセージは，メッセージ・トレーラー部分（UNT）で，メッセージ・ヘッダー部分（たとえば UNH）から始まる。商取引のタイプを確認しているメッセージ・タイプは，メッセージ・ヘッダー部分（UNH）で認識される。

(13) Segment：特定の情報をもたらす EDI メッセージの記録。

(14) Element：セグメントの中のアイテムであり，EDI メッセージでの最小単位。

(15) IFTM：International Forwarding and Transport Message

(16) TDCC（Transportation Data Coordinating Committee）：運輸データ調整委員会

⑴ ASC（Accredited Standards Committee）：認定基準委員会。アメリカの標準化団体。

⑴ Transaction Set：ビジネス文書（たとえば請求書，購入注文または送金通知），またはその内容を含むメッセージ。

⑴ ANSI（American National Standards Institute）：アメリカ国家規格協会。アメリカ国内における工業分野の標準化組織であり，公の合意形成のためにさまざまな規格開発を担う。同時に，ISO の北アメリカ代表としての役割も果たしている。

⑳ スキーマ（Schema）：データベースの論理構造や物理構造を定めた仕様。

⑳ OASIS（Organization for the Advanced of Standard Information Standards）：構造化情報標準促進協会

⑳ Verified Gross Mass（VGM）：確定したコンテナ貨物総重量，または，コンテナ貨物総重量確定制度。コンテナ貨物総重量の確定方法が SOLAS 条約（海上における人命の安全のための国際条約）の見直しにより，2016 年 7 月 1 日に発効した。改正 SOLAS 条約においては，荷送人（船社の B/L 上に荷送人として記載される者）は，定められた方法で確定したコンテナ総重量情報を船長（もしくは代理人）へ提供しなければならないとされる。

⑳ Header：電文の制御部分であり，送信内容の開始を示す。

⑳ ファイルのプッシュ：事前に設定していた条件を満たす情報を，クライアント側よりサーバ側へ配信リクエストする。

⑳ ファイルのプル：事前に設定していた条件を満たす情報を，サーバ側よりクライアント側へ送信リクエストする。

⑳ Hardware：データ処理において使われる機器（コンピュータ，モデム，プリンター）。

⑳ EDI partner：EDI ファイルを互いから送るか，受領する実体。EDI 業務において送り主とレシーバーにさらに細分化することができる。

⑳ https://www.ultraedit.com/catalog/#?t=multi（2018 年 7 月閲覧）

第3章　API

　多くの船社はまだ EDI（電子データ交換）またはそれよりも古い技術を使用しているが，すでに多くのフォワーダーは新しい技術を取り入れ，誰でも利用可能な API（Application Programming Interface）を提供している。物流業界において最も一般的なものは国際宅配会社の API である。たとえば，FedEx，UPS，DHL，USPS 社などが，すでに API を提供している。外航船社ではマースクラインが API による接続サービスを提供しているようだ[1]。これらのソリューションは業界全体に広がっており，物流会社は API を公開，利用することにより，ビジネスを拡大させる機会につながる。

　API の技術はここ 20 年くらいで一気に発展している。特に，ここ数年，ビジネスにおける活用に注目が集まっている。Twitter や Facebook など SNS 会社は閲覧，投稿などの仕組みのほとんどを API で公開しており，Web API の普及に大きな役割を担った。そうした API の広がりがあり，今や API を公開しない理由がなくなっている。こうしたコンシューマ向けに限らず，ビジネス向けにおいても API を公開することでうまくいっている事例が増えている。API を利用することにより，まずビジネスのスピードをアップすることができる。従来のすべて自前で開発する主義を捨て，API を使うことで開発工数や期間の低減が実現できる。また，企業提携においても API が活用されるようになる。お互いが API を利用し合うことで，素早い提携が実現可能となる。

　API 周囲のエコシステムも充実してきている。たとえば，API ゲートウェイ[2] はその一つである。API を持たない企業に対して API を提供し，また社内システムを安全に外部へ公開することができる。API を提供する敷居を下げる

ことで，自社データ活用の幅を広げられるようになる。

3.1 API とは？

　API はアプリケーション（Application）とプラットフォーム（OS やミドルウェア）をつなぐインターフェース（Interface）だと言える。アプリケーションの開発者が，他のハードウェアやソフトウェアが提供する機能を利用するための手法である。言い換えれば，API は自社のソフトウェアを一部公開して，他のソフトウェアと機能を共有できるようにしたものである。ソフトウェアの一部を WEB 上に公開することによって，誰でも外部から利用することができるようになる。それによって，自分のソフトウェアに他のソフトウェアの機能を埋め込むことができるようになるので，アプリケーション同士で連携することが可能になる。

　このように，API は「プログラマ」の代わりに「アプリケーションに情報や指示を出してプログラミングしてくれる」ような役割をしている。

3.2 API がつくられる理由

　API がつくられる理由は，より多くの新しいサービスを開発するためであり，データの二次利用を促進するためである。

　自社サービスの機能を API として公開することで，同じ特徴をもったサービスが開発しやすくなる。それによって，ある機能に特化させたり，一部の機能だけ改良してさらに使いやすくすることができる。その結果，より多くのサービスが生まれ，世の中が便利になっていく。

　API では他社のデータを使うこともできる。同じ情報をさまざまな分野で活用してもらうことにより，情報を分析することが容易になり，各分野に特化した分析を行うことができる。そこから顧客の傾向や特徴を発見することで，イノベーションが生まれ，新しいビジネスが生まれる。

プラットフォーム製品の開発会社が単独で規定した「独自 API」と，標準化団体など業界団体が規定した「標準 API」に大別される。独自 API の代表例は，マイクロソフトが定めた Windows 用の「Win32」や「.NET Framework」，CTI（コンピュータと電話の統合システム）用の「TAPI（Telephony API）」などがある。標準 API の例としては「統一 UNIX 仕様（旧称 SPEC 1170）」がある。

3.3 API が利用される理由

API が利用されるのは，開発を効率化することが可能であり，またサービスの利用者にとって便利だからである。

つくりたい機能がすでに API で公開されているなら，同じプログラムを一からつくる必要がない。それによって，開発時間を大幅に短縮できる。さらに無料で利用できるため，開発コストも大幅に削減できる。

API は，アプリケーションやサービスを利用するユーザーにとっても便利な仕組みといえる。他社のユーザー情報を使って，自社のサービスにログインできる機能をつくることができる。これによって，あらためて会員登録をしてもらう必要がなくなる。メールアドレスやパスワードの入力も必要ないため，ユーザーにとって面倒な手続きや手間を省くことができる。

元々の API は特定のサーバにアクセスしてデータをやり取りする仕組みであった。主に大企業同士がシステム連携するための仕組みとしてつくられていた。主に企業向けである SOAP（Simple Object Access Protocol）を使ってデータの送受信を行うため，Web サービス提供側，利用側双方の負担が大きく（複雑である），あまり普及しなかった。Google や Amazon も SOAP ベースの API を提供していたが，今はもうない。

これに対して Web API は，多くの場合，通信の仕組みとして HTTP（Hypertext Transfer Protocol）/HTTPS（Hypertext Transfer Protocol Secure）を採用する。HTTP/HTTPS はインターネット通信を行う上での標準的な仕組みで，プログラミングを行うためのライブラリも多数存在する。HTTP/HTTPS を採用する

ことにより，Web API は OS という垣根を越えて使えるようになっている。

現在の API は，Web による通信で多く利用されている。そのため「Web API」と呼ばれており，単に API と記述されている場合も，その多くは「Web API」のことを指している。Web API は，Web サイトに外部のサイトが提供する機能や情報を組み込んだり，アプリケーションソフトから Web 上で公開されている機能や情報を利用したりする際などに用いられる。

Web API で機能を公開しているサーバに対してインターネットなどの通信ネットワークを通じて依頼内容を HTTP リクエストの形で送信すると，その処理結果が HTTP レスポンスの形で返ってくる。送受信されるデータの形式は API によって異なるが，Web でよく用いられる XML や HTML，JSON（JavaScript Object Notation），各種の画像ファイル形式などが用いられる。

3.4 Web API の特徴

Web API にはいくつかの特徴がある。主な特徴として以下の 5 点が挙げられる。

- HTTP または HTTPS プロトコルによって通信を行う。
- 特定の HTTP メソッド（GET，POST）などを用いてアクセスできる。
- 特定の URI（Uniform Resource Identifier）で提供される。URI はパスとドメインで構成され，実質的には URL（Uniform Resource Locator）のことである。
- URI のクエリパラメータや HTTP リクエストボディに一貫した呼び出し方の決まりがある。
- HTTP レスポンスのヘッダーやボディの表現方法に一定の法則がある。

3.5 Web API の種類

Web API の仕様は多種多様であり，その種類には REST API，SOAP API，RPC スタイル API などがある。

3.5.1 REST API

REST（REpresentational State Transfer）は Web サービス開発で頻繁に使用されるアーキテクチャスタイルおよび Web サービス開発手法であり，ネットワーク上のコンテンツを一意な URL で表す。これを RESTful と表現する。RESTful な Web サービスとも呼ばれる RESTful API は，パラメータを指定して特定の URL に対して POST，GET，PUT，DELETE でリクエストを送信し，レスポンスをシステム（または呼び出すインターフェース）において XML や JSON で記述されたメッセージで受け取る。

たとえばユーザー（User）について操作する Web API の場合，送受信に JSON を用いているとすると，図表 3-1 の形で HTTP に対する何の操作かを明確にする。

図表 3-1　ユーザーオペレーションの例

POST	/users.json	ユーザーの新規作成
GET	/users.json	ユーザー一覧の読み込み
GET	/users/1.json	ユーザー 1 の読み込み
PUT	/users/1.json	ユーザー 1 の更新
DELETE	/users/1.json	ユーザー 1 の削除

3.5.2 SOAP API

SOAP（Simple Object Access Protocol）API は，リクエスト，レスポンスともに XML フォーマットのデータで行う形式である。SOAP の URL は操作と対応付けられるため，URL の命名が対話的になることが多い。HTTP や SMTP（Simple Mail Transfer Protocol）といった通信プロトコルに依存しないことが特徴である。

3.5.3 RPC スタイル API

RPC（Remote Procedure Call）スタイルでは，プログラムの実行に用いられるプロシージャコールをネットワークを介したマシンに対して行うことによって，遠隔地のマシンに処理を行わせる。RPC スタイルには XML-RPC，JSON-

RPC 2.0 などがある。

① XML-RPC

1990 年代後半からしばらくは XML-RPC がよく使われていた。XML-RPC は，以下のような情報があれば利用できる。

• RPC エンドポイント
• メソッド名
• リクエストパラメータ

XML-RPC の仕様自体は短くて理解しやすいため，特に提供側としてはハードルが低いものだったと言える。

② JSON-RPC 2.0

XML-RPC が XML 形式で表現されるのに対して，JSON 形式で表現されるのが JSON-RPC 2.0 である。XML-RPC と非常によく似たインターフェースを持っている。HTTP/HTTPS プロトコル以外でも適用でき，REST と違って URI や HTTP ヘッダーなどには依存しないことが特徴である。XML-RPC と同様に，以下の点がわかれば呼び出すことが可能である。

• RPC エンドポイント
• メソッド名
• リクエストパラメータ

JSON-RPC 2.0 は，XML-RPC から続く RPC 系のプロトコルとしてさまざまな概念を取り込んでいる。その特徴としては，リクエストパラメータとそのメソッド呼び出しのレスポンスパラメータを対応付けるための「id」を導入したことが挙げられる。

3.5.4 REST VS. SOAP

REST は不特定多数を対象とした，入力パラメータの少ない情報発信・検索サービスに向いている。一方，SOAP は複雑な入力が必要なものや，入出力に対してチェックが必要なサービスに向いている。REST は一般的に，より少ない帯域幅を消費するため，インターネット使用に適している。

3.5.5 REST と RPC の違い

REST が「設計時の制約が強い」のに対して，RPC は「柔軟性が高い」と言える。REST 形式は「公開 API など，不特定多数のクライアントが API を用いる場合」「複数のエンジニアが API の設計をする場合」などに向いていると言える。一方，RPC は「クライアントが社内に限定されているなど，SDK（ソフトウェア開発キット）のような形で提供される場合」「限定されたエンジニアで API を設計する場合」などに向いている。

3.5.6 JSON 言語

軽量プログラミング言語（Lightweight Language）を用いる「JSON」が，Web アプリケーションを記述する上で取り扱いやすいため，主流となっている。JSON とは，JavaScript におけるオブジェクトの表記法を応用したデータ形式を指す。オブジェクトと配列でシンプルに記載できるため，シンプルなリソース指向の REST との相性が良い。XML と比較すると冗長性を省くことができるため，軽量である。JSON は完全に言語から独立したテキスト形式だが，数多くのプログラミング言語（C/C++, C#, Java, JavaScript, Perl, Python）でJSON を簡単に扱えるようにする追加機能などが公開されている。

3.6 Web API の連携パターン

Web API は，異なるアプリケーションを連携させる。こうした目的を持つ手法はさまざまある。アプリケーション連携のフレームワークである「Enterprise Integration Patterns」では，ファイル連携（File Transfer），データベース共有（Shared Database），アプリケーション連携（Remote Procedure Call），メッセージング（Messaging）の 4 つに分類されている。

File Transfer では，ファイルを介してデータのやり取りをする。Shared Database では，データベースのスキーマと実データを介して通信する。Remote

Procedure Call（RPC）では，ネットワーク上の同期的な関数呼び出しによってデータをやり取りする。Messaging では，共通のメッセージングシステムを介して非同期にデータをやり取りする。Web API の多くが Remote Procedure Call の形態を採用している。

外部からソフトウェアの機能を利用するといっても，内部のコードまでは公開されていない。外部からは機能の使い方や仕様がわからないため，「こうすると機能を利用できます」「この機能はこのように使ってください」のような使い方を説明する必要がある。また，セキュリティの観点から，「このような使い方はできません」「このような使い方はしてはいけません」などのルールも定められている。

API は，このような仕様やルールと一緒にまとめて WEB 上に公開されているのが一般的である。よって，API とは「機能＋仕様書」と言い換えることもできる。

3.7　Web API を利用する前提条件

3.7.1　テクノロジー面

Web API を利用するには，HTML や PHP，Perl，JavaScript などのプログラミング言語が使えると簡単に導入できる。

Web API によって取得できるデータは，情報が並んでいるだけであり，人が見やすいデータではない。これを見やすい形式（HTML）に変換する必要がある。その際，PHP や JavaScript などのプログラミング言語が用いられる。

Web API を使う場合，有料のレンタルサーバの契約をする必要がある場合が多い。無料のレンタルサーバではプログラミング言語（PHP，Perl）の実行環境が整っていないことがあるので，利用する前に十分確認しておく必要がある。

また，API に関しては，公開されているサンプルや初心者向けチュートリアルはまだ少ない。特に提供されている国外系サービスについては，日本語の情

報サイト自体が少ないのが難点である。

3.7.2 業務ニーズ面

まず，ビジネスプロセスと業務上で抱えている問題を整理し，それらに対処するために必要なシステムの機能性を見つけ出す。

次に，ビジネスニーズを満たす適切な API を特定する。自社で構築するか専門業者に委託するかについて，IT スタッフが見積もりをする。

そして，API を接続するためのコストと時間を評価する。評価にあたっては次の点に留意する。

- 影響を受ける自社プラットフォームとシステムの数と種類
- 各システムのインターフェースと内部処理ロジックへの影響
- 接続する API の数

また，サポートを含む費用対効果分析が必要である。

3.8 Web API の利用手順

① Web API を使うアプリケーションを Web API サイトに登録する。
② API Key，API Secret を取得して，アプリケーションに設定する（API Key は ID，API Secret はパスワードのようなもの）。
③ 実際に操作してみる。

API によって多少異なるが，それぞれの API で利用登録し，API Key を取得すると利用可能になる。基本的には，Web サイトにログインしてパスワードを発行してもらうのと同様な手順を踏む。

サービスによっては，利用登録がいらない API もある。また，多くの API は無料で利用できる（API Key の取得も無料）。

Web API では，各 API サービスにリクエスト（キーワードを絞り込むなど）を送ると，処理結果が XML や JSON 形式などで出力されて返ってくる。

Web API の開発はトライ＆エラーの繰り返しである。実際に自分で動かして

みるとその雰囲気がつかめる。いきなりオンラインで使用するより，まずはローカルの開発環境で利用する方が無難だと言える。

3.9　Web API の登録例：UPS API の使い方

　ここでは，UPS の API（利用無料，2018 年 7 月現在）を利用する仕組みを例として説明する。

　社内に開発チーム（API を統合する専門知識を持つ，社内の IT リソース）が設けられていない場合は，専門業者のサービスを利用する。専門業者と契約する前に，事前の打ち合わせが必要である。いずれの開発パターンにも，UPS は直接技術サポートを提供している[3]。UPS の API 利用規約に同意し，UPS システムとの API 情報交換に必要な資格情報を取得する。

　下記 UPS 開発用のサイトからアクセスする。

https://www.ups.com/dk/en/help-center/technology-support/developer-resource-center.page?（2018 年 7 月閲覧）

① My UPS への登録（すでに登録済みの場合，④へ進む）

　UPS 社側では，個々のアプリケーションを API Key によって識別する。

　API を利用するために必要なユーザーアカウントを作成した後，「アプリケーションの登録（API Key の新規作成）」を行う。また，「メールアドレス認証」と「電話番号認証」を完了していないユーザーは，API の作成や編集ができない。

　Facebook，Twitter，Google もしくは Amazon のアカウントでもログインできる。その場合，それぞれのアイコンをクリックし，それぞれのログイン画面に移動する。

　UPS サイトで新規登録の場合，名前，電子メール，ユーザー ID，パスワードを入力し，UPS テクノロジー契約書のチェックボックスをクリックし，ニュースの購読を希望するか否かを指定し，登録をクリックする。

第 3 章　API　　65

図表 3-2　サインアップ

すでにIDをお持ちですか？ ログイン

以下のサイトの1つを使用してください。

Facebookでログイン　　　　Twitterでログイン　　　　G Google　　　　Amazonでログイン

出所：https://wwwapps.ups.com/doapp/SignUp?ClientId=GEC&loc=ja_JP&returnto
=https% 3A% 2F% 2Fwww.ups.com% 2Fupsdeveloperkit% 3Floc=ja_JP より
（以下，図表 3-5 まで同じ）

図表 3-3　個人情報の入力

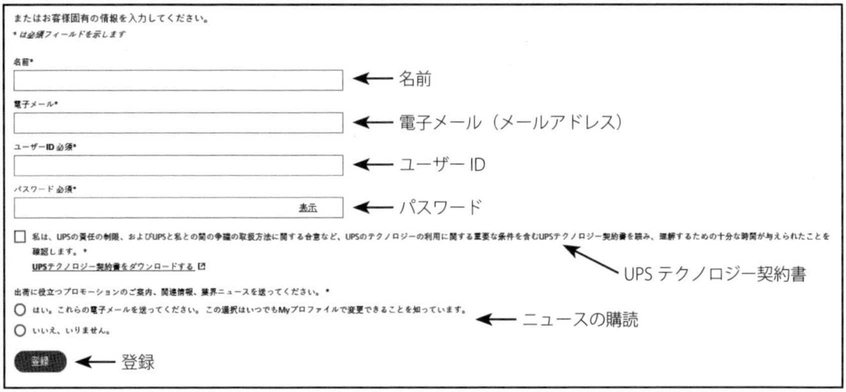

またはお客様固有の情報を入力してください。
* は必須フィールドを示します

名前*
　　　　　　　　　　　　　　　　　　　　◀── 名前

電子メール*
　　　　　　　　　　　　　　　　　　　　◀── 電子メール（メールアドレス）

ユーザーID 必須*
　　　　　　　　　　　　　　　　　　　　◀── ユーザー ID

パスワード 必須*
　　　　　　　　　　　　　　表示　　　　◀── パスワード

☐ 私は、UPSの責任の制限、およびUPSと私との間の争議の取扱方法に関する合意など、UPSのテクノロジーの利用に関する重要な条件を含むUPSテクノロジー契約書を読み、理解するための十分な時間が与えられたことを
確認します。 *
UPSテクノロジー契約書をダウンロードする 🔗　　　　　　　　　　　　　　　　　　　◀── UPS テクノロジー契約書

出荷に役立つプロモーションのご案内、関連情報、業界ニュースを送ってください。 *
◯ はい。これらの電子メールを送ってください。この選択はいつでもMyプロファイルで変更できることを知っています。　◀── ニュースの購読
◯ いいえ、いりません。

登録 ◀── 登録

　　ユーザー ID については下記のルールに従う必要がある。
- 長さは 1 〜 16 文字
- スペースやメールアドレスと特殊符号（:;◇"&\%）は使えない
　パスワードについては下記のルールに従う必要がある。
- 長さは 7 〜 26 文字
- 大文字，小文字，数字，特殊符号（!@#$%*）のうち 3 種類を使う
- 氏名，ユーザー ID，メールアドレスは使えない
　次の画面で住所と電話番号を入力する。

図表 3-4　住所などの入力

住所を入力してください。

*は必須フィールドを示します

国または領域 *

会社名または氏名： *

住所 *

住所：

アパート／マンション名、部屋番号、ビル名、階数など

部署、気付など

郵便番号： *

都市名： *

その他のアドレス情報

Eメール *

電話番号 *

内線番号

☐ これをデフォルトのMyプロファイルの住所にします。

戻る　次へ

第 3 章　API　　　67

次に進んで，完了。後ほど，My UPS Customer service から登録したメールアドレスに確認のメールが来るので，メールにある認証のリンクをクリックし，ユーザー ID とパスワードを入力し，認証完了。

図表 3-5　登録完了

図表 3-6　認証完了メール

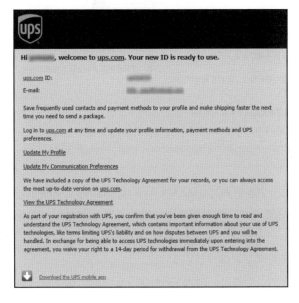

② ログイン

ユーザー ID とパスワードを入力し，ログインする。

③ API を選択する

接続したい API を選択し，その仕様書をダウンロードする。現時点で UPS は 12 種類の API を提供している。

図表 3-7　UPS 社が提供している API 一覧

開発者向け**API**

出荷/料金

Address Validation - City, State, ZIP
市区町村、州、および郵便番号が有効であるか確認します。

危険品
航空フレートとグラウンドフレート、海外向けの危険品（危険物質）の出荷をUPSが受け入れることができるかどうか、確認してください。

Pickup
お客様またはお客様の顧客の元からの集荷を手配します。

事前通知
出荷手続きの後で、UPSに危険品出荷を通知してください。

Rating
配達サービスと配送料金を比較して、お客様の顧客に最適なオプションを選びます。

Shipping
住所の確認、料金比較のほか、内部業務処理用のラベルを印刷します。

Time in Transit
UPSサービスの輸送所要時間を比較します。

ビジビリティ

Quantum View®
XMLを介し、ウェブ上でQuantum View Dataを活用したり、内部アプリケーションにアクセスできるようにします。

Tracking
お客様の顧客に荷物の確実なステータス情報を提供します。

Tracking - UPS Signature Tracking®
貨物の配達証明を自動化します。
国際貿易

ペーパーレス文書
書類の画像や国際貨物へのリンクをアップロードしてください。

UPS TradeAbility®
国際貨物の関税や配送料などのコスト見積もりの確認、コンプライアンス情報やライセンス情報の取得、貿易が制限されている対象者を特定します。

出所：https://www.ups.com/upsdeveloperkit?loc=ja_JP より

図表 3-7 にリストされている API のうち，Rating と Shipping の本番環境に追加申請が必要だが，それ以外すべての API に対して，即時にテスト環境と本番環境にアクセスできるという。

④ API 仕様書をダウンロードする

Tracking を例とすると，図表 3-8 のような画面になる。

第 3 章　API　　69

図表 3-8　Tracking の仕様書のダウンロード

```
このAPIをダウンロードする前に、次の項目の知識が必要になります:
● プログラミングURLまたはソケット接続
● XMLの資料のエンコードとデコード
● エラー処理用の既存ソフトウェアへの戦略の設計と実装

使用可能なバージョン：XML、Webサービス、JSON
使用可能なモード：荷物、LTL、フレート
このAPIの機能をお客様のEコマースアプリケーションに統合するには、アプリケーションのビジネスロジックと
データをAPIに合わせて変更するカスタムコードが必要です。
効果的にTrackingを実装するために、APIには次のガイドと参照資料が含まれています。
開発者向けガイド（テクニカルFAQ付き）
UPSロゴおよびバナー
コードサンプル：
● C#のDOTNET
● Java
● Perl
● PHP
● XML

APIのダウンロード
ツールの資料をダウンロードするには ログイン APIの資料をダウンロードする
```

出所：https://www.ups.com/upsdeveloperkit/downloadresource?loc=ja_JP より

ダウンロードした zip ファイルには SDK（Software Development Kit）[4] が含まれている。全体を慎重に確認した上で次へ進む。

図表 3-9　ダウンロードした Tracking.zip ファイルの解凍後の中身

（文書の中身は英語）

⑤　Access Key を取得する

　　SDK を取得してから，UPS API のテスト環境へのアクセスを取得する。残念だが，日本語版のテスト環境はない。英文のものは下記リンクから提供されている。

https://www.ups.com/upsdeveloperkit/requestaccesskey?loc=en_DK

　★マークのついている必須項目を入力し，下部にあるアクセス・キーの要求をクリックする。

図表 3-10　アクセス・キーの要求

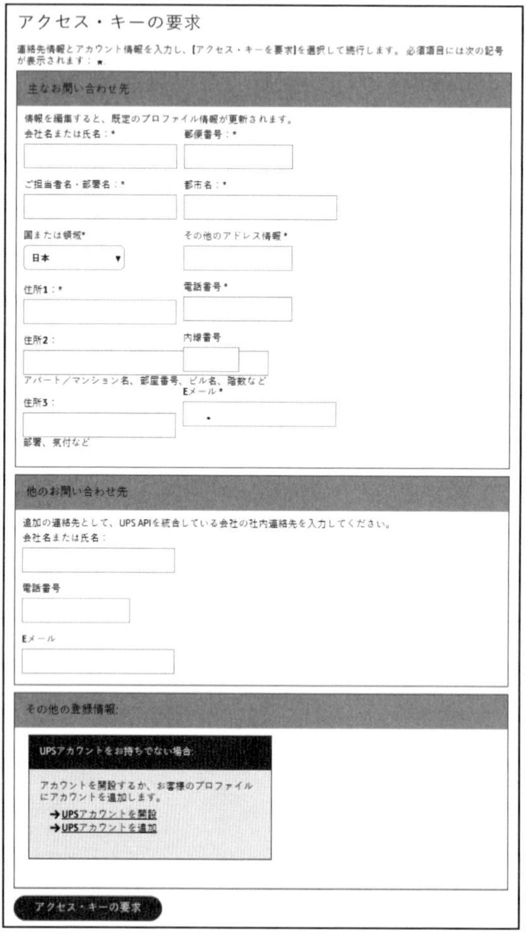

出所：https://www.ups.com/upsdeveloperkit/requestaccesskey?loc=ja_JP より
　　　（図表 3-11 も同じ）

第 3 章 API 71

図表 3-11 アカウントの追加

契約運賃を確認する必要がある場合は，Account Invoice Authentication（AIA）が必要となる。過去 45 日間以内の請求書のコピーを My UPS にて提出し，認証へ進む。

認証に成功すれば，アクセス・キーの申請が完了したことを示す画面が表示される。

3.10 Tracking API

Tracking API により，アプリケーションから貨物の配達ステータスや最後に輸送スキャンが実施された時刻とロケーションなど，貨物の最新ステータスを UPS に照会することができる。

以下に，その詳細を挙げる。

・荷物または貨物の追跡

トラッキング・ナンバー，貨物 ID 番号，あるいは荷物・出荷・Mail Innovations のリファレンス・ナンバーを基に，アプリケーションで貨物追跡情報を提供する。

- トラッキング・ナンバー

  アプリケーションで荷物と貨物の追跡，現在位置の確認，到着の確認をできる。

- 貨物 ID 番号

  アプリケーションで貨物 ID 番号を使用して，UPS システム内で移動する貨物を特定および追跡できる。

- リファレンス・ナンバー

  アプリケーションで UPS の荷物または貨物をユーザーの定義した使いやすいリファレンス・ナンバーで追跡できる。アプリケーションは，次の項目にリファレンス・ナンバーを割り当てる。

  ① 個別の荷物

  ② 1 つの貨物に含まれるすべての荷物

  ③ 単一の LTL 貨物

  ④ 航空 / 海上フレート

- PRO 番号と航空貨物運送状番号

  アプリケーションで PRO 番号または航空貨物運送状番号を使用して，UPS システム内で移動するフレートを特定および追跡できる。照会が成功すると，貨物に含まれるすべての物品に関する情報が返される。

- 候補ブックマーク

  アプリケーションでどのリファレンスを使うか区別できる。1 つのリファレンス・ナンバーに複数の貨物が該当した場合，UPS では各荷物についての特定情報を返し，固有の候補ブックマークでそれぞれの貨物をマークする。Tracking API をダウンロードする場合，図表 3-8 を参照してほしい。

  Tracking API には，以下のような制限が設けられている。

- シップメントのサイズに関係なく，1 応答につき 64KB の制限がある。

- トラッキング情報の有無によるが，50 個のパッケージを持つシップメントのトラッキングに対して，最初の 15 個の情報しか利用できない現象がある。

- バッチトラッキングやバッチアップロードに対応できない。API は 1 つの追

跡要求で 1 つのリファレンス・ナンバーあるいは Order 番号を追跡する。
- パッケージのスキャンと重量情報は，6 か月しか保存されない。
- リファレンス・ナンバーによる追跡は 4 か月以内の情報を利用可能。
- 配達スキャン情報は 18 か月間利用可能。

　また，以下の点に注意する必要がある。
- UTF-8，Unicode など全角文字は使えない。
- 英語のみサポートされている。

　顧客の Web サイトやバックエンドシステムでの使用は認められている。だが，取引の当事者ではない第三者の情報物流プロバイダーによる使用や，人間に代わってコンピュータプログラム（ボット）でパッケージを追跡する使用は認められていない。

3.11　その他の Web API サービス提供会社

　UPS 以外にも，DHL，FedEx，NipponExpress（日通）などのインテグレータ，フォワーダーの API を統合しているポータル会社も存在する。Shippo,ShipHawk，そして日本資本の Shippio がある。
- Shippo：https://goshippo.com/docs
- ShipHawk：https://docs.shiphawk.com/docs
- Shippio：https://shippio.io/corp/

　Web API は新しい Web サービス，アプリをつくる上で欠かせない存在になっている。また，これまでは個人が趣味や SNS などの用途で使うことが多かったが，多くの企業がサービス間連携を行う際に Web API を利用するようになっている。

　つまり Web API は開発者の間においては当たり前の存在になってきたと言える。それに伴い，ただ Web API を公開したくらいでは開発者の目を引けなくなっている。そのため企業側は関連ライブラリや SDK を提供し，わかりやすいドキュメント，デモなどを用意する必要がある。

何より Web API 自体の魅力が問われるようになっている。その Web API を使うことでどういったサービスがつくれるのか，その未来を感じさせることが重要になっていると言えるだろう。

3.12　API と EDI の将来性について

EDI は，今日の外航海運業務に応用するにはハードルが高い。実装が難しい，維持に費用がかかる，リアルタイムに機能させるには難しいなどである。将来の貨物輸送分野では API が主流になるだろう。

その理由は，以下の 2 点が挙げられる。まず，EDI は，バッチ処理によってメッセージを送信する。換言すれば，事前に設定したタイマーのとおりデータの伝送を実行する。次の伝送まで，情報が保存され，ファックスと同様に確認せずに転送される。この保存遅延により，データ伝送における大きなギャップが発生する。そのため，ある意味，企業に古い情報に基づいてビジネス上の意思決定を強いるものである。

次に，API はナノ秒単位でシステム間でデータを送信できる。API のコードには，プログラムが他のソフトウェアと相互作用する方法が明確に定義されている。EDI に比べると，API の単純化されたデータ構造は時間，IT リソースを節約できる。

EDI の技術的不足は，貨物輸送の全体的なコストを高め，非効率化し，エンドツーエンドの可視性を制限しているとも言える。API なら，物流企業は管理作業の多くの時間を節約でき，その分を収益を生み出す活動に注力できるだろう。さらに，リアルタイムで動的なビッグデータをビジネス上の意思決定に応用できるのである。

【注釈】
⑴　https://rcdiheec.apiportal.akana.com（2018 年 6 月に閲覧）
⑵　Gateway：異なるコンピュータネットワーク間を接続するコンピュータや装置，

ソフトウェアの総称。プロトコルや通信媒体が異なるネットワーク間において，相互認識可能なデータに変換する役割をもつ。

(3) https://www.ups.com/dk/en/help-center/technology-support/developer-resource-center/ups-developer-kit/about.page? （2018 年 1 月に閲覧）

(4) SDK（Software Development Kit）：ソフトウェアを開発するために必要な技術文書やツール等一式。

第4章 船社のオンラインサービスおよびモバイルアプリ

外航海運サービスを利用する顧客は，ワンクリック[1]で輸送のあらゆる面を手配できるようなデジタルワンストップショップを求める。たとえば，エクアドルのバナナをロシアに，または中国製のスマートフォンを南アフリカに送ることが，往復のフライトを予約するのと同じように簡単にできる時代がやってくる。船社はこのニーズを認識しつつ，各自のオンラインサービスを強化している傾向が見られる。その中でも，デンマークに本社を置く大手船社マースクラインのオンラインサービスの完成度は最も高いと言える。

4.1　主要船社のオンラインサービス

近年，多くの船社が自社のホームページにてオンラインサービスを提供し，機能を充実させている。これまでは，スケジュール，世界各地のターミナルの混雑状況，サービス一覧，タリフレート，現地通関手続きガイドなどの情報を中心に提供していたが，現在は海上物流の一連の業務の端から端までのオンラインサービスが提供されている。

インターネットへアクセスできる環境であれば，24時間365日利用可能な利便性，データの正確さを保てる上にコスト削減できるなどのメリットから，利用率は著しく増加している。

船社がオンラインで提供しているサービスには，運賃見積もり，船積依頼，到着通知（Arrival Notice）や荷渡指図書（Delivery Order）などもあり，荷主と船社の双方向でやり取りが可能である。

運賃見積もりでは，簡単かつ迅速に運賃および諸費用の見積もりができる。
船荷証券（B/L）についても，船社のウェブサイトからダウンロードし，印刷

図表 4-1　外航海運会社が提供するオンラインサービスの一覧

		機能詳細	情報流
Rate Request	運賃見積もり	簡単かつ迅速に運賃と諸費用の見積もりができる機能。	荷主から船社
Booking	船積依頼	当該船社へのブッキングを作成する機能。新規入力はもちろん，利用履歴からのコピーや編集も可能。	荷主から船社
Shipping Instruction (SI)	輸出貨物情報	船荷証券（B/L）を作成するための必要情報。	荷主から船社
Verified Gross Mass （VGM）	確定コンテナ貨物総重量	荷送人はコンテナ貨物総重量情報を船長もしくはその代理人に提供する。	荷主から船社
Bill of Lading （B/L）	船荷証券	船社のホームページよりダウンロード，印刷する。また，出来上がり次第，その旨の通知を e メールで受け取る。	船社から荷主
B/L Amendment	B/L 訂正	B/L 情報などをオンラインにて訂正する，または訂正を依頼する。	荷主から船社
Arrival Notice	到着通知	オンラインあるいは e メールで貨物到着通知を受け取る。一部の船社のサービスでは，到着予定日に変更を生じる場合，通知を受け取る機能もある。	船社から荷主
Tracking	トラッキング	ブッキング番号，コンテナ番号，B/L 番号によって貨物を追跡する。	船社から荷主
Delivery Order （D/O）	荷渡指図	船社は荷受人からの B/L 提出と引き換えに D/O を発行・交付し，荷受人はこれを提示して貨物の受け取りができる。	船社から荷主
Invoice	運賃照会・請求書管理	請求書の確認，ダウンロードができる。	船社から荷主
Payment	オンライン決済	一部の船社は地域限定でオンライン決済が可能。	荷主から船社

ができるだけでなく，出来上がり次第，e メールで通知を受け取ることが可能である。また，一部の船社は，運賃のオンライン決済も可能である。

　図表 4-1 は，外航海運会社がオンラインで提供する主なサービスの一覧である。

　図表 4-2 に，船社別のオンラインサービスの提供の有無を示す。マースクラインの充実ぶりがわかる。

図表 4-2　船社別のオンラインサービスの提供の有無

	Rate Request 運賃見積もり	Booking 船積依頼	Shipping Instruction (SI) 輸出貨物情報	Verified Gross Mass (VGM) 確定コンテナ貨物総重量	Bill of Lading (B/L) 船荷証券	B/L Amendment B/L 訂正	Arrival Notice 到着通知	Tracking トラッキング	Delivery Order (D/O) 荷渡指図	Invoice 運賃照会・請求書管理	Payment オンライン決済
CMA-CGM	×	○	○	○	○	○	○	○	○	×	×
COSCO	○	○	○	○	○	○	○	○	×	×	×
Evergreen	×	○	○	○	○	×	○	○	○	×	×
Hapag Lloyd	×	○	○	○	○	○	○	○	×	×	×
Hyundai	○	○	○	○	○	○	○	○	×	×	×
Maersk Line	○	○	○	○	○	○	○	○	○	○	○※
MSC	○	○	○	○	○	○	○	○	×	○	×
ONE[2]	×	○	○	○	○	○	○	○	△ 北米向けドアデリバリのみ	×	×
OOCL	×	○	○	○	○	○	○	○	×	○	×

出所：各船社ホームページより（2018 年 2 月に閲覧）

※マースクラインのホームページによると，Online Payment には 2 種類あり，現時点では，それぞれ以下の国に限る。
- Card Payment（クレジットカード決済）
  United States, Spain, Portugal, Netherlands, Germany, Canada, United Kingdom, Ireland, France, Belgium, Italy, Australia, Japan, Hong Kong,

Singapore, Macau, Malaysia, Ecuador, Peru, Bolivia, Chile, Cyprus, Greece, Slovenia, Malta, Slovakia, Finland, Latvia, Lithuania, Estonia
- SmartPay（オンライン銀行振込）
United States, Canada, United Kingdom, Spain, Italy, Ireland, France, Portugal, Australia, Netherlands, Belgium, Germany, New Zealand, Austria

4.2　オンラインサービスの利用手順

　各船社のオンラインサービスにおいては，ブッキング番号，B/L 番号，コンテナ番号を用いて貨物をトラッキングするサービスは登録なしで利用できるが，それ以外のサービスの利用にあたってはユーザー登録が必要である。ここでは，マースクラインの例を紹介する。

〔マースクラインのユーザー登録ガイド[3]〕

　ブラウザは，Internet Explorer（Version 8.0 以上），Firefox，Google Chrome が推奨される。パソコン以外に，各種のスマートフォン，タブレットからも利用可能である。
① マースクラインのホームページよりアクセスする。
　　右上にある Log in をクリックし，画面の下にある New User? Please register

図表 4-3　Maersk ログイン画面

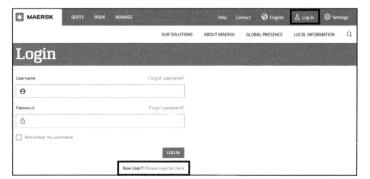

第 4 章　船社のオンラインサービスおよびモバイルアプリ　　81

　　here より新規登録を行う。
②　ユーザー情報を入力する。
　　ユーザー名を設定する際は，以下のルールに従う必要がある。
- 半角文字で 5 文字以上。
- 開始文字はアルファベットのみ。終了文字はアルファベットもしくは半角数字。
- 記号は _（アンダーバー），-（ハイフン），.（ドット）@（アットマーク）のみ可。

　　例）可：maersk@123
　　　　不可：123maersk@，123*maersk

図表 4-4　ユーザー情報の入力

82

③ 会社情報を入力する。

図表 4-5　会社情報の入力

第 4 章　船社のオンラインサービスおよびモバイルアプリ　　83

④　利用するマースクラインのオフィスを選択し，SUBMIT アイコンをクリックする。

図表 4-6　利用するオフィスの選択

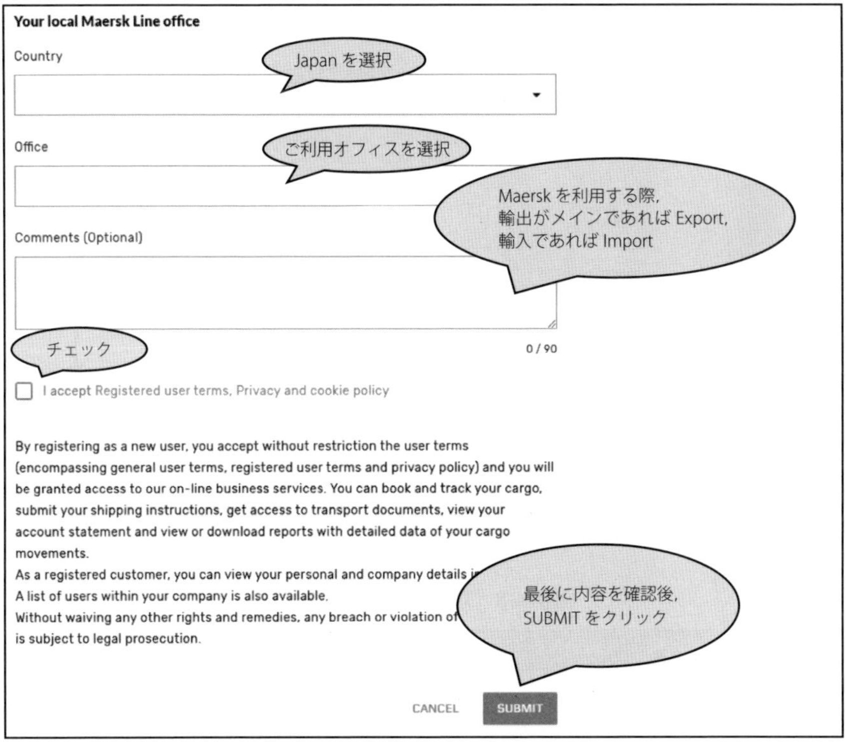

⑤　最終確認のための "Review" の画面が現れる。内容に問題がなければ SUBMIT のアイコンをクリックして進む。内容に訂正が必要な場合は EDIT をクリックし，②に戻って訂正する。メールアドレスを間違えるとその後の案内が配信されないので注意しよう。

図表 4-7 登録情報の確認

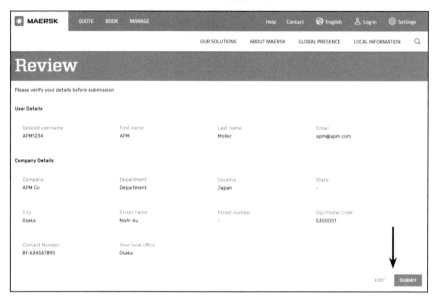

⑥ "Registration successful" の画面が表示されたら，登録情報の送信完了。

図表 4-8 登録情報の送信完了

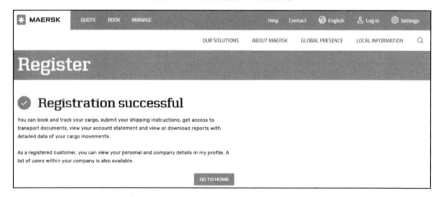

⑦　Maersk Line Web application センター（registration@maersk.com）から受信確認メールが，通常1営業日以内に送信される（スパムメールとして扱われないよう注意）。

図表 4-9　受信確認メール

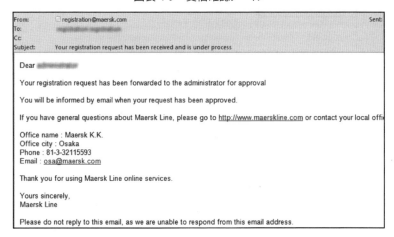

⑧　その後，⑦と同じメールアドレスから情報登録完了のeメール "Your registration request has been approved: Set your password now" が送信されるので，メール本文の Click here to set password をクリックしてパスワードの設定を行う。

図表 4-10　パスワード設定の案内メール

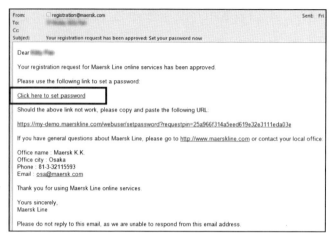

⑨　"Set Password" の画面が表示されるので，Enter password の欄に，ルールに従って希望のパスワードを入力する。確認のため Re-enter password の欄に再

図表 4-11　パスワードの設定

第4章　船社のオンラインサービスおよびモバイルアプリ　　　　87

度同じパスワードを入力し，SUBMIT のアイコンをクリックする。
　"Password set successfully" というメッセージが現れたらパスワード設定完了。
⑩　ログインの確認と初期設定を行うために，https://www.maersk.com/ にアクセスし，Log in をクリックする。

図表 4-12　Maersk Line トップページ

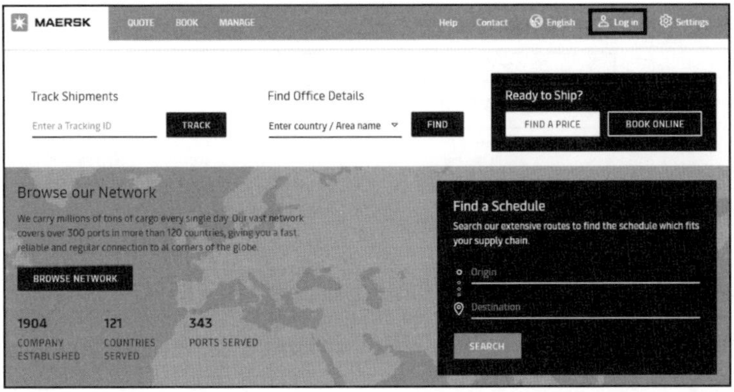

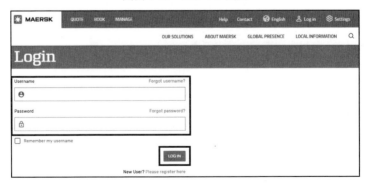

⑪　②で設定したユーザー名（Username）と⑨で設定したパスワード（Password）を入力の上，LOG IN のアイコンをクリックする。

図表 4-13　ログイン画面

⑫ 初期設定の画面が表示される。[1] と [2] の希望条件を選択して，[3] の SAVE SETTINGS をクリックする。

図表 4-14　初期設定

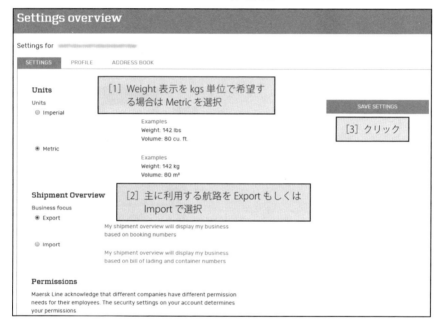

⑬ しばらくすると，トップページに移動する。移動しない場合は画面左上の MAERSK のロゴをクリックしてトップページに移動する。画面右上で言語を選択すると日本語表示に変更できる。

第 4 章　船社のオンラインサービスおよびモバイルアプリ　　89

図表 4-15　表示言語の変更

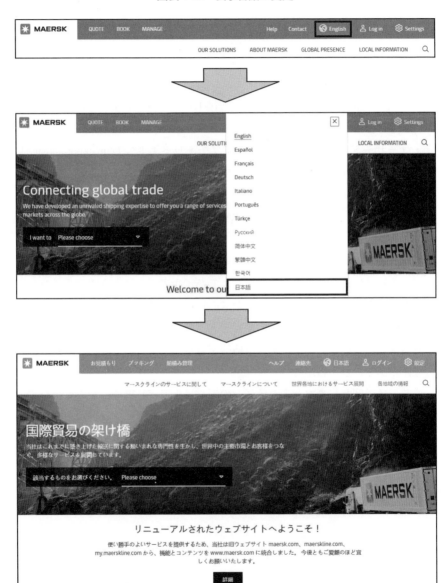

なお，マースクラインより，ユーザー名とパスワードの管理に関する下記の注意点が示されている。

- ログイン後，30分間ご利用がない場合，自動的にログオフ状態になります（画面に変更はないように見えます）。一度ログオフしてから再度ログインしてください。
- パスワードはセキュリティ上，設定後180日を経過しますと自動的に更新状態になります。再設定をお願いします。
- ユーザー名をお忘れの場合はライブチャットもしくは jp.export@maersk.com までお問い合わせください。

4.3　モバイルアプリによるサービス

スマートフォンやタブレットなどのモバイルデバイスの急速な普及にともない，大手船社は顧客のニーズに合わせ，モバイルアプリによるオンラインサービスを提供し，顧客のビジネスプロセスの管理を手助けしている。その中でも，より幅広い機能を提供しているのがマースクラインである。

外航海運会社別のモバイルアプリ機能を見ると，現時点では船社によって大きな差があることがわかる。

ここでは，例としてマースクラインのモバイルアプリ機能について紹介する。

第 4 章　船社のオンラインサービスおよびモバイルアプリ　　91

図表 4-16　船社別のモバイルアプリ機能一覧

船社名	トラッキング	スケジュール検索	その他の機能	システム環境
APL	○	×	×	Google，iOS，英語のみ
CMA-CGM	○	○	ニュース，オフィス情報	Google，iOS，英語，中国語，スペイン語，フランス語，ポルトガル語
COSCO	○	○	ニュース，北米・EU 税関申告状況	Google，iOS，英語，中国語
Evergreen	×	×	携帯用サイトが提供されている	—
Hapag Lloyd	○	○	ニュース，オフィス情報	Google，iOS，Windows Phone，英語，中国語，スペイン語，フランス語，ポルトガル語，ドイツ語
Hyundai	○	○	オフィス情報	Google，iOS，英語のみ
Maersk Line	○	○	ニュース，オフィス情報，運賃の見積もり	Google，iOS，英語，スペイン語，フランス語，ポルトガル語，中国語
MSC	×	×	×	—
ONE	×	×	×	—
OOCL	○	○	ニュース，オフィス情報，二酸化炭素排出量計算機，DET/DEM，現地ローカルチャージ，コンテナ仕様	Google，iOS，英語のみ

出所：各船社ホームページより（2018 年 7 月に閲覧）

4.3.1 インストール

利用にあたって，まずはアプリをダウンロードし，インストールする。

- Android の場合

図表 4-17 のコードよりアクセスするか，Google Play にてマースクラインを検索する。

アプリが英語で提供されている。

インストール（Install）を選択し，ダウンロードとインストールを行う。

図表 4-17　Android 用のアクセスコード　　　図表 4-18　ダウンロード画面

- iOS の場合

図表 4-19 のコードよりアクセスするか，App Store にて Maersk Line を検索する。

アプリが英語で提供されている。

入手を選択し，インストールを行う。

図表 4-19　iOS 用のアクセスコード

図表 4-20　ダウンロード画面

4.3.2　トラッキング

　コンテナ番号，B/L 番号，ブッキング番号のいずれかを入力し，検索する。結果が表示されたら，Track を選択する。積み地，荷渡し地，船舶情報，遅延状況など詳細が表示される。図表 4-21 の場合は On time，予定のとおりとなっている。遅延が生じている場合は，"Delayed xx days" の文言が赤文字で表示される。Following（フォローする）状態では，このシップメントの遅延情報などがプッシュ通知で送られてくる。不要な場合は，Stop following（フォローを外す）か Turn off notification（通知しない）を選択する。Share（シェア）を選択すると，メールやほかのアプリで共有することができる。たとえば，メールで共有すると，トラッキングの結果がメールの本文として自動的に作成されるので，宛先のメールアドレスを入力し，そのまま送信できる。

図表 4-21　トラッキング情報

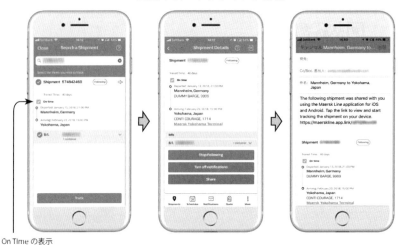

On Time の表示

4.3.3　ターミナル情報

トラッキングの結果に表示されている港やターミナルを選択すると，その

図表 4-22　ターミナル情報

ターミナルの住所や営業時間を閲覧できる。"Get Directions"を選択すると，地図情報や経路が表示される。

4.3.4　運賃見積もり

アプリ下段にあるQUOTEアイコンを選択すると，見積もりリクエストの画面が表示される。上部からSTANDARD（一般貨物），OVERSIZED CARGO（コンテナに入りきらない特殊貨物）を指定できる。

　一般貨物の見積もりの例を示す。まず，From Location（積み地），To Location（荷揚げ地）を選択し，次に，コンテナタイプ，数量，貨物タイプ，出港予定日を選択し，Company Details（会社名），Email Address（メールアドレス）を入力する。最後にCaptcha（文字認識コード）を入力し，REQUEST QUOTEを選択して送信する。

図表4-23　見積もりリクエスト

"Thank you for your quote request"が表示されたら，送信成功。下方へスクロールすると，見積もり内容の詳細が表示される。

図表 4-24　見積もり内容の詳細

　$NO-REPLY@maersk.com より，入力したメールアドレスに見積もり内容の控えが届く。

　その後，マースクラインより見積もりの結果がメールにて送信される。一般貨物の見積もりについては，2 時間以内に届くようである。ブッキングをする場合は，Reference Number を提示すれば，見積もりの運賃が自動的に適用される。

第 4 章　船社のオンラインサービスおよびモバイルアプリ

図表 4-25　見積もり内容の控え

$NO-REPLY@maersk.com

Standard Quote Request Acknowledgement #STD-

We removed extra line breaks from this message.

Attachments

Dear Customer,

Thank you for raising the quote request. We will get back to you as soon as possible.

Below is a summary of your quote request:

Request reference number: #STD-

Maersk Line

Company name:
Email Address: *******
Your Location: Japan
Effective Date: 2018-02-20
Expiry Date: 2018-03-20

From: Yokohama (Kanagawa), Japan (CY)
To: Rotterdam (Zuid-Holland), Netherlands (CY)

Container Type: 40' Dry High
Quantity: 1
Weight of cargo:　18000 kg

Commodity: Dry cargo - Freight all kinds Dangerous cargo: No

Maersk Line

4.3.5 ログインしてから使う

モバイルアプリでログインすると，より詳しい情報を閲覧できる。マースクオンラインポータル（maersk.com，4.2節を参照）やモバイルアプリにてユーザー登録を行えば，ログインできるようになる。

ログインすると，自社関連のシップメントが一覧表示されるので，一件ずつ検索しトラッキングする苦労を省ける。

図表 4-26　ログイン画面

【注釈】
(1) ワンクリック（One Click）：コンピュータで，マウスボタンを一度押すこと。
(2) ONE：2017年4月に川崎汽船，商船三井，日本郵船の定期コンテナ船事業を継承した Ocean Network Express Pte. Ltd. 社の略。日本総代理店は 2017 年 10 月 1 日に設立された。2018 年 4 月よりサービスを開始している。
(3) https://www.maerskline.com/-/media/ml/files/countries/japan/important-information/manual-access-2017aug28.pdf?la=en（2018 年 2 月閲覧）

第5章 NACCS 関連業務

NACCS[1] は Nippon Automated Cargo and Port Consolidated System の略で，貿易にまつわるさまざまな手続きをオンラインで処理するシステムである。具体的には，入出港する船舶，航空機および輸出入される貨物の通関手続きをはじめ，検疫手続き，輸出入手続きなど，税関その他の関係行政機関，民間企業の間の業務を一元的に処理する。そういう意味で，日本のシングルウィンドウシステムとも言える。

NACCS は，さまざまな手続きを電子的に処理している。たとえば，通関手続きでは，利用者間での情報の共有が図られており，事前にシステムが記録している情報や，先行する業務で入力された情報を活用することで，後続業務の入力者の負担が軽減され，処理時間が短縮される。さらに，輸入申告の際には，為替レートの自動変換，税額の計算機能のほか，関税などの税金を銀行口座から自動的に納付することもできる。このため，NACCS を利用することで，通関手続きなどに必要な時間は大幅に短縮される。

また，NACCS は輸出入貨物に関わる関係者の全員参加を前提にしたシステムであり，幅広く利用されている。

NACCS は 2008 年 10 月に民営化され，現在は輸出入・港湾関連情報処理センター株式会社が管理・運営している。

平成 22 年 2 月のシステム更改をきっかけに，海上用 Sea-NACCS と航空用 Air-NACCS を統合するとともに，国土交通省が管理・運営していた港湾 EDI システムや経済産業省が管理・運営していた JETRAS などの関連省庁のシステムも NACCS に統合し，新 NACCS として稼動を開始した。その後，平成

図表 5-1　NACCS に関わる参加者

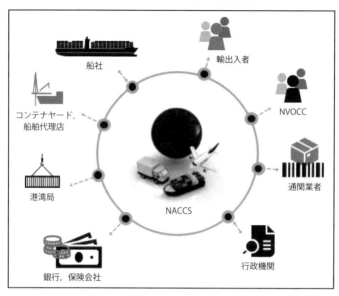

※ NACCS センター資料を基に著者が作成

29 年 10 月に仕様更新を行い，新たに損害保険会社を利用者に加えるとともに，港湾，空港における物流情報などを総合的に管理するプラットフォームシステムとしてさらに利便性を向上させた。

　ここでは，NACCS の導入手順など概要を解説するに留め，NACCS 業務コードやその入力方法など詳細については省いた。各種 NACCS 業務コードおよびその入力方法については，NACCS センターのウェブサイトで資料が定期的に公開や更新されている。また，各地域でセミナーなども行われているので，それらの情報を確認してほしい。

第 5 章　NACCS 関連業務　　101

図表 5-2　海運による輸出入業務における NACCS の位置付け

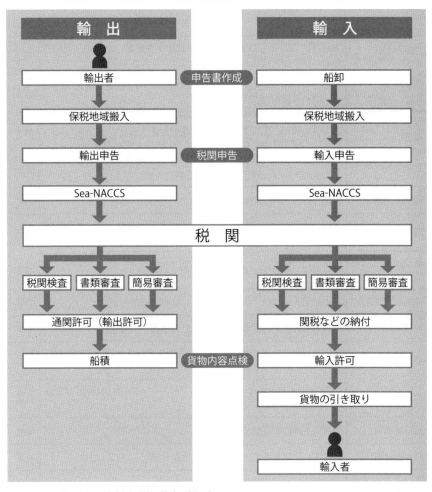

※ NACCS センター資料を基に著者が作成

図表 5-3　NACCS で処理される関連業務一覧

業務	主な業務内容	分野
船社業務,船舶代理店業務	入出港についての税関など港湾関係省庁手続き,とん税など納付申告,積荷目録提出,船積確認についての関税手続きなど	海上
海貨業務,NVOCC 業務	バンニング情報の登録など,物流についての手続き,混載貨物についての手続きなど	海上
コンテナヤード業務	コンテナ積卸,搬出入についての税関手続きなど	海上
航空会社業務	入出港についての税関,入管および検疫手続き,航空貨物についての税関手続き,着払貨物の運賃情報管理など	航空
機用品業務	貨物の搬出入についての税関手続き,機用品の在庫確認	航空
混載業務	混載貨物についての税関手続き,混載業務の情報管理,着払貨物の運賃情報管理など	航空
航空貨物代理店業務	保税蔵置場に対する搬入伝票の作成	航空
保税蔵置場業務	貨物搬出入についての税関手続き,貨物の在庫管理など	共通
税関業務	輸出入申告などの受理・許可・承認の通知,各種申請の受理など	共通
通関業務	輸出入通関のための税関手続き,取扱手数料などの請求書の作成など	共通
荷主業務	船腹の予約（Booking）,船積指図（SI）,インボイスの登録,フリータイム（海上のみ）の確認など	共通
銀行業務	関税などの口座振替による領収	共通
管理統計資料	入力された情報をもとに各種の管理統計資料を作成・提供	共通
輸出入など関連業務を処理する行政機関業務	輸出入申請などの受理・許可・承認の通知など	共通

※ http://www.naccs.jp/aboutnaccs/naccs_gyoumu.pdf を基に著者が整理

第 5 章　NACCS 関連業務　103

5.1　NACCS の導入手順

　利用申込は NSS（NACCS サポートシステム）より行う。NSS とは，NACCS を
利用するための各種申込手続きや契約情報の照会などができるシステムである。
新規利用申込から利用開始までの流れは以下のようになっている[2]。
　NACCS の利用申込から利用開始までは，回線工事が必要ない場合でおよそ
3 週間，回線工事が必要な場合は 50 ～ 60 日かかる（図表 5-4）。
① 　利用申込
　　利用申込手続きを行う。審査終了後，業務開始に必要な「利用者 ID」お
　よび「パスワード」などを NSS 画面で確認する。また，⑤，⑥の設定に必
　要な「認証コード」や「論理端末名」なども併せて確認する。
② 　利用申込書（原本）の郵送
　　「システムサービス利用申込書」を印刷し，役職印（個人印不可）を押印
　の上，NACCS センター利用契約事務課へ郵送する。
③ 　システム設定
　　システム設定書類（マクロ機能付き Excel ファイル）を NACCS 掲示板よ
　りダウンロードして作成し，NSS 画面にアップロードして，提出する。また，
　併せて「企業名・営業所名及び責任者名・営業所所在地（英文表記）」の登
　録も行う。
④ 　回線工事など（netNACCS，WebNACCS は除く）
　　回線ベンダーから連絡を受けてから，工事日程などを調整・決定する。工
　事日にベンダーに通信回線設置工事，NACCS 接続用ルータ設置工事などを
　実施してもらう。
⑤ 　デジタル証明書の取得（netNACCS，WebNACCS のみ）
　　netNACCS，WebNACCS ではセキュリティ対策として，正規の利用者であ
　ることを確認するデジタル証明書を採用している。NACCS 掲示板よりダウ
　ンロードしたデジタル証明書取得手順書に沿って，NACCS を利用する端末
　にデジタル証明書を取得する。

図表 5-4　利用申込から利用開始まで所要時間

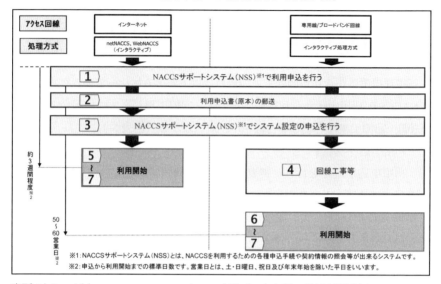

出所：https://bbs.naccscenter.com/naccs/dfw/web/_files/00116718/riyou_gaiyou.pdf より

⑥　パッケージソフトのインストール

　NACCS 掲示板よりダウンロードした初期設定手順書に沿って，NACCS を利用する端末にパッケージソフトをインストールする。

⑦　業務開始（利用開始日）

　利用開始日となったら，パッケージソフトを立ち上げて，利用者 ID およびパスワードを入力してログインする。ログイン後，業務（通信）が可能な状態か確認するため，端末開通確認（TCC 業務）を行う。正常終了が確認できれば，NACCS を利用して業務を行うことが可能となる。

5.2　NACCS の回線

　NACCS の利用方法はアクセス回線によって，インターネット経由と専用回

線経由の2種類に分かれる。

5.2.1　インターネット経由

　インターネットがすでに利用できる環境が整っている場合には，新たに回線，端末などを準備する必要はない。この場合はパッケージ版ソフトウェアをダウンロード，インストールして利用する netNACCS と，Web ブラウザを利用する WebNACCS の2つの方法がある。いずれもデジタル証明書と利用者 ID をあらかじめ NACCS センターへ申請する必要がある。また，netNACCS ではすべての業務が利用可能だが，WebNACCS で行える業務は一部の出入港業務，照会業務に限られているので，必要に応じて導入する。

5.2.2　専用回線経由

　NACCS との通信専用回線（NTT 社が提供する光回線を含む）を用いるため，信頼性が高い。また，故障時には他の回線より優先的に修理が行われる。さらに回線速度が保証される（光回線を除く）メリットがある。ただし，回線の初期設定費用と月々の利用料金が発生する。

　この方式は主に自社システム経由で NACCS 業務を実施する場合に利用されている。1件の処理要求電文（申告など）を送信後，即時に処理結果電文がNACCS センターサーバ側から送信される。自社システムと NACCS システムの間で EDI によるデータ交換が行われる。

5.3　NACCSにおけるEDIの接続形態とネットワーク構成

5.3.1　接続形態

　NACCS との接続には Peer to Peer 接続，ルータ接続，ゲートウェイ接続があり，ゲートウェイ接続が一般的である。

- Peer to Peer 接続

NACCS センターサーバと利用者のパソコンを 1 対 1 で接続する形態であり，データの送受信はインタラクティブ処理方式で行われる。この方式では，利用者は 1 件ごとに処理要求を送信し，1 件ごとの処理結果がセンターより送信されてくる。

- ルータ接続

NACCS センターサーバと利用者の LAN 上の複数のパソコンを接続する形態であり，データの送受信はインタラクティブ処理方式で行われる。

- ゲートウェイ接続

NACCS センターサーバと利用者のゲートウェイコンピュータを接続する形態である。ゲートウェイ接続には，SMTP/POP3 と SMTP 双方向の 2 つがある。

SMTP/POP3 の場合，データの送受信はメール処理方式で行われる。この方式では，利用者は複数件の処理をまとめて送信することができ，処理結果はセンターからまとめて受信する。アクセス回線としては専用線，ADSL，またはブロードバンド光回線が利用可能である。

SMTP 双方向は，利用者側サーバでインタラクティブ処理のインターフェースを守ることが前提である。すなわち，利用者側が処理要求電文に「入力情報特定番号」を設定し，NACCS からの回答電文に設定した入力情報特定番号があることを確認し，次の処理要求電文を送信する。データの送受信はインタラクティブ処理方式で行われ，アクセス回線としては専用線，ADSL またはブロードバンド光回線が利用可能である。

5.3.2 ネットワークの構成

NACCS センターサーバに接続するには，民間利用者用ネットワーク（通信プロトコルは TCP/IP）基幹網と，基幹網に設置されているアクセスポイントに接続するアクセス回線を用いる。

図表 5-5 にゲートウェイ接続（SMTP 双方向）のシステムの構築例を示す。

第 5 章　NACCS 関連業務　　107

図表 5-5　ゲートウェイ接続（SMTP 双方向）のシステムの構築例

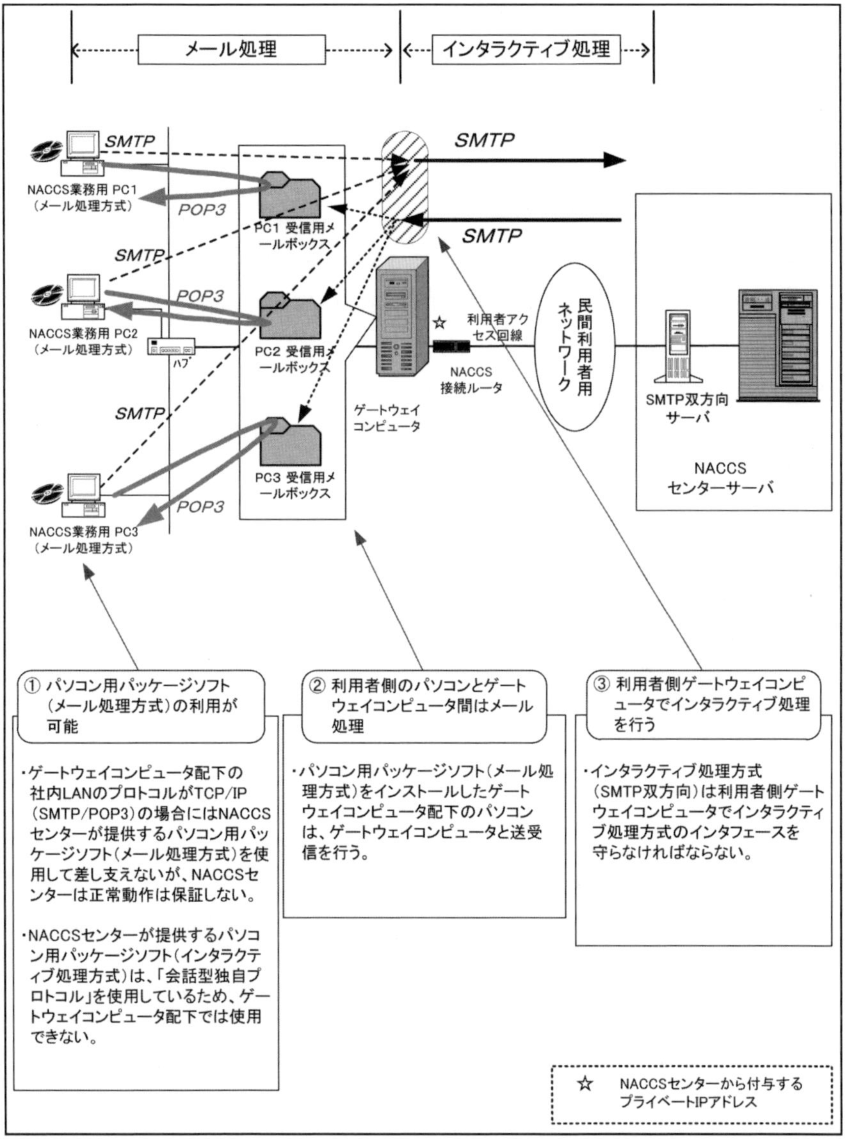

メール処理　　　　　　　インタラクティブ処理

SMTP

NACCS業務用 PC1
（メール処理方式）

POP3

PC1 受信用メ
ールボックス

SMTP

SMTP

NACCS業務用 PC2
（メール処理方式）

POP3

ハブ

PC2 受信用メ
ールボックス

ゲートウェイ
コンピュータ

SMTP

NACCS
接続ルータ

☆ 利用者アク
セス回線

民間利用者用
ネットワーク

SMTP双方向
サーバ

NACCS
センターサーバ

SMTP

NACCS業務用 PC3
（メール処理方式）

POP3

PC3 受信用メ
ールボックス

① パソコン用パッケージソフト
（メール処理方式）の利用が
可能

・ゲートウェイコンピュータ配下の
社内LANのプロトコルがTCP/IP
（SMTP/POP3）の場合にはNACCS
センターが提供するパソコン用パッ
ケージソフト（メール処理方式）を使
用して差し支えないが、NACCSセ
ンターは正常動作を保証しない。

・NACCSセンターが提供するパソコ
ン用パッケージソフト（インタラクテ
ィブ処理方式）は、「会話型独自プ
ロトコル」を使用しているため、ゲー
トウェイコンピュータ配下では使用
できない。

② 利用者側のパソコンとゲート
ウェイコンピュータ間はメール
処理

・パソコン用パッケージソフト（メール処
理方式）をインストールしたゲート
ウェイコンピュータ配下のパソコン
は、ゲートウェイコンピュータと送受
信を行う。

③ 利用者側ゲートウェイコンピ
ュータでインタラクティブ処理
を行う

・インタラクティブ処理方式
（SMTP双方向）は利用者側ゲート
ウェイコンピュータでインタラクティ
ブ処理方式のインタフェースを
守らなければならない。

☆　NACCSセンターから付与する
プライベートIPアドレス

出所：https://bbs.naccscenter.com/naccs/dfw/web/data/edi_6nac/f3.pdf より

5.3.3　通信プロトコルの詳細

NACCS におけるインタラクティブ処理方式（SMTP 双方向）の通信プロトコルには，ネットワーク・トランスポート層に TCP/IP，その上位層には SMTP が採用されている。

5.3.4　EDI 電文方式と構造

NACCS では，NACCS EDI 標準の電文（NACCS EDI 電文），EDIFACT 電文，XML 形式電文の 3 種類の電文を利用する。NACCS EDI 電文は，業務仕様書にて規定されたすべての業務および管理資料に対応している。一部の業務には XML と EDIFACT も利用可能となっている。

NACCS EDI については次節で解説する。XML と EDIFACT については第 2 章を参照してほしい。

5.4　NACCS EDI 電文

NACCS EDI 電文は NACCS 独自の電文フォーマットであり，システム処理上取り扱いが容易である固定長方式のメリットと，システム設計の柔軟性を持つ可変長方式のメリットの双方を備え持つ固定長デリミター方式となっている。デリミターは，CRLF 符号を採用している。16 進法で "CR" は "0D"，"LF" は "0A" で表記される。

NACCS EDI 電文は，電文のヘッダー部にあたる「入力（出力）共通項目」と，データ部にあたる「業務個別項目（管理資料）」から構成される。NACCS EDI 電文の最大長は 70 万バイトである。

図表 5-7 は NACCS EDI のサンプルである。網掛け部分はヘッダー部，網掛けのない部分がデータ部となる。改行符号による電文各部の長さが定められている。

第 5 章　NACCS 関連業務　　109

図表 5-6　NACCS EDI 電文の構造

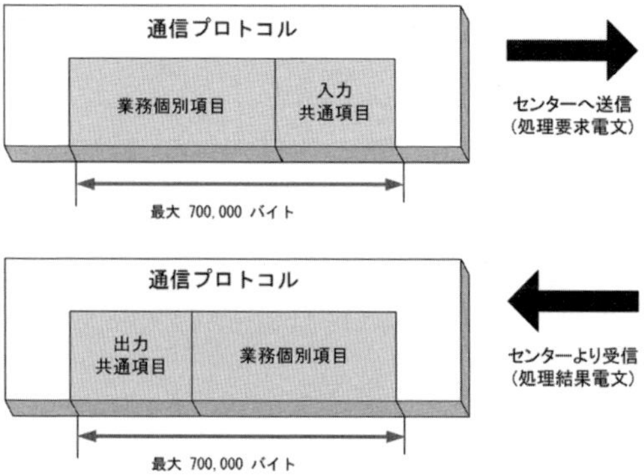

出所：https://bbs.naccscenter.com/naccs/dfw/web/data/edi_6nac/3_1.pdf より

図表 5-7　NACCS EDI のサンプル

```
SSP                    SAT1401201609292120          1ANAC
BOKKING-0100
NACLQ0D014C300000148841ANACSAT14010652028318
001EP
C2                          008617
20160929
2120

1AXXX
1AXXX NAME
100777010000
TEST5
JYUSHO---------------------------------------------------------
-----------------------------------------------------------------
-----------------------------------------E1
P00888040000
TEST4
JYUSHO---------------------------------------------------------
-----------------------------------------------------------------
-----------------------------------------E2
C0000100777010000
TEST5
JYUSHO---------------------------------------------------------
```

```
----------------------------------------------------------------
------------------------------------------E3
99008880200000000
TEST2
JYUSHO-----------------------------------------------------------
----------------------------------------------------------------
------------------------------------------E4
NACL
BOOKING-0100

1
MASTER-BL-BOOKING-0100
1AXXX
KAIKAGYOSHA

1
1
```

5.5　EDIFACT 対象業務一覧

　NACCS 外航関連業務のうち，船社業務を中心に EDIFACT 仕様が提供され
ている。EDIFACT 電文の詳細については，第 2 章を参照してほしい。

図表 5-8　EDIFACT 仕様対応の NACCS 業務一覧

区分	業務・出力情報名	コード	入力先・出力先	使用メッセージ
輸出	コンテナ通知情報	SAT0241	CY，船社	CODECO
	コンテナ通知訂正情報	SAT0251	CY，船社	CODECO
	処理結果通知	多数	CY	CUSRES
	船積確認登録	CCL	CY，船社	CUSCAR
	ACL 情報（コンテナ船本情報）	SAT1401	船社	IFTMIN
	ACL 情報（記号番号情報）	SAT1411	船社	IFTMIN

区分	業務・出力情報名	コード	入力先・出力先	使用メッセージ
輸出	ACL 情報（品名情報）	SAT1421	船社	IFTMIN
	ACL 変更情報（コンテナ船本情報）	SAT1451	船社	IFTMIN
	ACL 変更情報（記号番号情報）	SAT1461	船社	IFTMIN
	ACL 変更情報（品名情報）	SAT1471	船社	IFTMIN
	船腹予約登録通知情報	SAT2040	船社	IFTMBC
	船腹予約訂正通知情報	SAT2120	船社	IFTMBC
	船腹予約取消通知情報	SAT2130	船社	IFTMBC
輸入	出港前報告	AMR	船社	CUSCAR
	出港前報告訂正	CMR	船社	CUSCAR
	出港前報告（ハウス B/L）	AHR	NVOCC	CUSCAR
	出港前報告訂正（ハウス B/L）	CHR	NVOCC	CUSCAR
	出港日時報告	ATD	船社	CUSCAR
	船卸許可申請	DNC	船社	CUSCAR
	出港前報告 B/L 関連付け	BLL	船社	CUSCAR
	積荷目録情報登録	MFR	船社	CUSCAR
	積荷目録情報登録（マルチコンサイメント）	MFR21	船社	CUSCAR
	積荷目録情報登録（一括）	MFI	船社	CUSCAR
	積荷目録提出	DMF	船社	CUSCAR
	積荷目録情報訂正（積荷目録提出業務前）	CMF01	船社	CUSCAR
	積荷目録情報訂正（積荷目録提出業務前）（マルチコンサイメント）	CMF21	船社	CUSCAR
	積荷目録情報訂正（積荷目録提出業務後）	CMF02	船社	CUSCAR

区分	業務・出力情報名	コード	入力先・出力先	使用メッセージ
輸入	積荷目録情報訂正（次船卸港の追加）	CMF03	船社	CUSCAR
	到着確認登録	PID	船社，CY	CUSCAR
	輸入貨物荷渡情報登録	DOR	船社	IFTMIN
	処理結果通知	多数	船社，CY	CUSRES
	不一致情報	多数	船社，CY	CUSCAR
	コンテナ通知情報	SAT0241	CY	CODECO
	コンテナ通知取消情報	SAT0260	CY	CODECO

※船社に船舶代理店を含む
　NACCS センター資料を基に著者が作成

【注釈】
(1) NACCS（Nippon Automated Cargo and Port Consolidated System）：入出港する船舶・航空機および輸出入される貨物について，税関その他の関係行政機関に対する手続きおよび関連する民間業務をオンラインで処理するシステム。
(2) https://bbs.naccscenter.com/naccs/dfw/web/use/userguide/step.html（2018 年7 月閲覧）

第6章

外航海運業における
新テクノロジー

　2000年初め頃，外航海運業界のデジタル化の進捗状況は，EDIサービスを提供している会社が3社のみであった。しかし，電子商取引およびサプライチェーン管理技術が発達し，2012年以降，図表6-1が示すように，参入が急速に増加している。その後，各社は新しいテクノロジーを用いて，革新的なソリューションを提供することを競っている。

図表6-1　海運物流業界のデジタル化に参入した主な会社

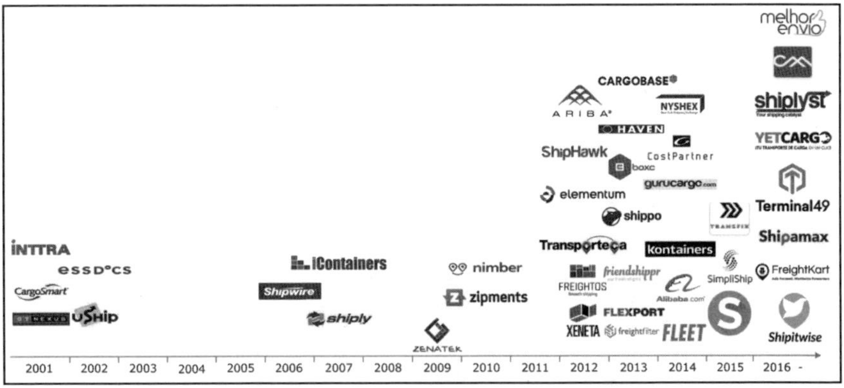

※各社プレスリリースやウェブサイトを基に著者が作成

6.1　デジタル化をドライブするIoT

　あらゆるモノがインターネットでつながることをIoT（Internet of Things）

と呼び，ここ数年，注目を集めている。IoTという言葉自体は，1999年頃，RFID[(1)]によって個品管理を行い，かつモノの所在を明らかにするというコンセプトで初めて用いられた。今ではより多様なモノがインターネットにつながり，そこからデータを収集し，活用できるようになっている。

　海運IoTはサプライチェーンを可視化する。原材料や商品の輸出入において，海運の占める割合は高い。世界における貿易の輸送手段のうち，90％以上が海上輸送である。しかし，海運では，荷物の現在地などを把握できない場合が多く，陸運と比べて情報の可視化が非常に遅れている。荷主，輸送業者，フォワーダー，港湾運送事業者など，多くのステークホルダーが介在していることや，洋上でのインターネットの接続環境（衛星通信を利用）の整備が遅れていることが主な理由である。しかし，海運においても，デジタル化により変革が始まっている。

　スイスに本社を置くZenatekは，コンテナに専用のトラッキングデバイスを取り付けて，物流の状況を可視化するソリューションを提供している（図

図表6-2　コンテナ専用のトラッキングデバイスの主な機能

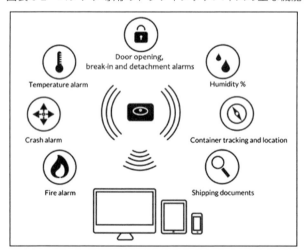

出所：http://www.zenatek.com/Home/ZTS?lang=en-UK より

表 6-2)。Zenatek のトラッキングデバイスには，温度，湿度，光，振動，化学物質，GPS などの各種センサーと，衛星通信，携帯電話網（3G，2G），Wi-Fi，Bluetooth などの通信機能が搭載されており，輸送中のコンテナの位置や状態の変化をリアルタイムで把握できる。これにより，コンテナの温度管理機能の故障や，衝撃による破損，輸送が滞っている港などを検知し，どこで問題が発生しそうか（発生したのか）をユーザーに通知してくれる。

　このような製品・サービスは，発電機付き，省エネのハードウェアを使用している。コンテナを追跡し，サプライチェーンの混乱によって出荷が遅れることを防ぐことができる。現在，世界には 2,000 万個の輸送用コンテナがあると言われる。そのうち，2018 年現在，100 万個以上のコンテナが追跡されている。

　その他にも，2017 年 9 月に海運大手のマースクラインは，冷蔵コンテナの機能状態を世界規模で追跡できる RCM（Remote Container Management）システムを導入した。AT&T が提供する SIM カードや GPS 基板，無線通信機能，アンテナを取り付けたコンテナ船で，移動中の冷蔵コンテナ内の状態を監視する（図表 6-4）。これまでは，輸入業者の管理担当者が自らコンテナの冷蔵機能を確認してきた。マースクラインと AT&T のコラボレーションによって，輸入業者の管理担当者はその作業から解放された。また，生鮮商品の輸送に関してモノの IoT を活用して業務を効率化した例としては世界最大級である。

図表 6-3　AT&T のトラッキングデバイスを取り付けた時のイメージ

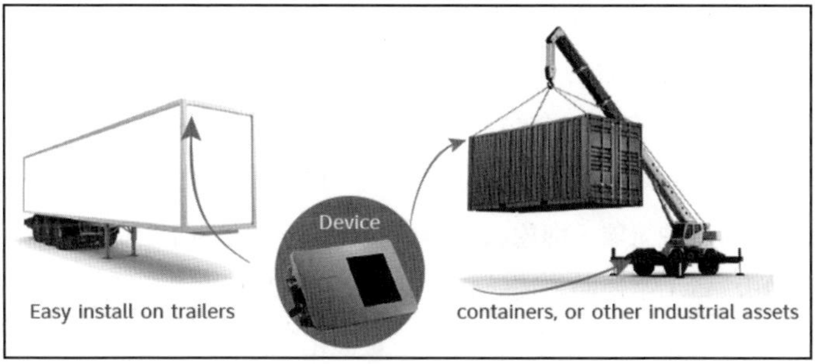

出所：AT&T ホームページより

図表 6-4　マースクライン社の RCM サービスの仕組み

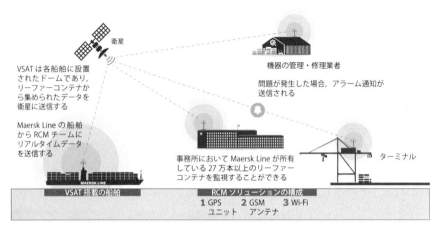

※マースクライン資料を基に著者が作成。

　日本企業も物流 IoT サービス提供に参入している。双日株式会社は他 2 社と協業し，無線通信技術「LPWA（Low Power Wide Area）」を活用した GPS トラッカー，温度センサー，ボタンデバイスを開発中である。2018 年度内に実用化を目指している。電池交換が複数年不要なセンサーデバイスの費用に加え，通信費と利用料を低価格で提供することが特徴である。各種コンテナ（特殊コンテナ，リーファーコンテナ，ISO タンク），被牽引車両（トレーラーシャーシ，ウィングシャーシ），物流機器（通い箱，パレット）および，シェアリングサービス関連事業者（荷主，陸運業者）などをターゲットとしている。

　海運での IoT の活用は，コンテナの状態監視に限らない。商船三井では，三井造船と日本海事協会が共同開発した次世代型機関状態監視システム「CMAXS e-GICSX」を実船に導入した。このシステムは，エンジンに取り付けられたセンサーや気象・海象などのビッグデータを海上と陸上の双方で分析し，異常検知，省エネ運航，運航スケジュール管理などを実現するものである。

　洋上のインターネット環境の高速化・定額化や，IoT プラットフォームの進化は，「わからなくて当たり前」だった海運の可視化を実現し，新たな高付加

第6章 外航海運業務における新テクノロジー　117

価値サービスの創出を後押ししている。

6.2　注目を浴びるブロックチェーン

　注目を浴びているブロックチェーンテクノロジーは，高い透明性や信頼性を
インターネット上で確保できることから，決済取引などの大規模なビジネス用
途に加えて，多様な用途への応用が期待されている。

　たとえば個人や中小企業が作成した著作物に関わる各種権利（利用，頒布，
複製，改変など）についての許可をブロックチェーン上で管理することで，著
作物使用の認可や課金の仕組みをつくったり，医療分野においてはプライバ
シーを考慮した上で，治療，投薬，検査，リハビリなどの履歴やデータをブ
ロックチェーン上に記録して広く共有することで，個人の完全で一貫した医療
記録を元にした効果的な治療が期待できる。また，コストを掛けずに商取引を
実現する用途にもブロックチェーンは適用可能である。

　さらに，「中央集権型の管理が不要」「強い改ざん耐性」といったブロック
チェーンの特徴を活かして，サプライチェーン情報を大勢で共有するトレーサ
ビリティーの仕組みが整備されれば，過去にあった食品偽装や中古車の事故歴
隠しといった事業者側の不正を監視することができ，消費者側に大きなメリッ
トをもたらす。

6.2.1　NTT データの取り組み

　NTT データは，日本，イタリア，アメリカなどでブロックチェーンに関す
る実証実験およびシステム開発を実施してきた。日本では，ブロックチェーン
を用いた分散型証券取引プラットフォームの基盤を構築し，証券取引業務全体
を対象とした検証作業を実施した。リアルタイム性の高い取引には向かないも
のの，決められた時間に実行する仕組みであれば適用が可能であり，分散環境
で起こりうる情報伝達の遅延や一時的な不整合を解消する方法の必要性，利益
情報を含む金融取引の秘匿技術の開発が不可欠である，などの課題を把握する

に至った。

　また，業界特有の商習慣を維持しつつ，業務の大幅な効率化を目指して，国内で初めてとなる「貿易金融」をテーマとしたブロックチェーン適用に関する実証実験を複数の金融機関などと共同で実施した。貿易取引においては，企業間が地理的に離れていて貨物の輸送に時間を要するため，商品の引き渡しと代金決済のタイムラグによるリスクが生じる。これを回避する目的で，取引相手が資金を有していることを金融機関が保証する「信用状（L/C）」を郵送や電

図表 6-5　NTT データのブロックチェーン技術による実証実験のイメージ

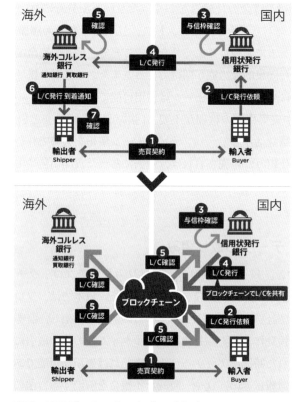

出所：NTT データのホームページより

子メールでやりとりする独自の商習慣があり，手続き処理が煩雑で時間を要することが課題となっている。

　ブロックチェーンの特長の一つ，「共通台帳を分散管理する」機能を活用すれば，取引関係者が情報を同時に共有することが可能になる。これまで信用状の手続き処理に最短でも数日程度を要していたのに対し，情報の閲覧が数分で可能となるなど，大幅な時間短縮を図ることができ，信用状に修正手続きが生じた際にも迅速に処理できることが確認できたという。

6.2.2　マースクラインと IBM の取り組み

　2016 年 6 月，コンテナ輸送のグローバルリーダーであるマースクライン社とブロックチェーン分野のリーディングプロバイダである IBM が共同開発を始めた。ブロックチェーン技術を利用した国際貿易を遂行し，より効率的で安全な方法を提供しようというものである。両社共同で国際貿易業務をデジタル化するプラットフォームを開発し，提供する。このプラットフォームは，オープンスタンダードに基づき，グローバルな海運エコシステム全体で利用できるよう設計されている。そして，国境や商圏を越える商品の移動をより容易にし，透明性と可視化を高める。

　DuPont, Dow Chemical, Tetra Pak, Port Houston, Rotterdam Port Community System Portbase, オランダの関税庁，アメリカの税関・国境警備局などの複数の組織が，このプラットフォームを試験的に導入した。複雑なサプライチェーンの合理化を求めている General Motors, Procter and Gamble などのグローバル企業や，通関手続きの仲介を含む顧客サービスの改善を求めている貨物運送業者および物流企業の Agility Logistics なども参加している。2018 年 8 月 9 日にマースクと IBM がプレスリリースを発表し，TradeLens という名前のプラットフォームを公開した。すでに 94 以上の組織が参画している。

　このプレスリリースによると，TradeLens は，IBM のブロックチェーンテクノロジーを使用してデジタルサプライチェーンの基盤を構築し，サプライチェーンの詳細情報やプライバシー，機密性を損なうことなく，トランザク

図表 6-6　プラットフォームのイメージ

※ https://www.ibm.com/blogs/blockchain/2018/01/digitizing-global-trade-maersk-ibm/ を基に著者が作成

ションを共有するダッシュボード機能を提供する。荷主，船社，貨物運送業者，ターミナルオペレーター，陸運業者，税関当局は，コンテナの温度管理から VGM 重量，IoT データやセンサーデータを含むサプライチェーンデータや貿易物流書類にリアルタイムにアクセスして，より効率的にやりとりすることができる。

　また，ブロックチェーンのスマートコントラクト[2]を使用して，国際貿易に関わる複数の関係者間の電子データ交換を実現させる。「ClearWay」と呼ばれる貿易書類モジュールは，荷主，通関業者，税関などの信頼できる第三者，他の政府系機関，および NGO が，組織の壁を越えたビジネスプロセスの遂行と情報の交換を可能とする。すべての処理は安全で改ざんできない監査証跡機能によって支えられている。

　12 か月にわたるベータトライアル期間中に，マースクと IBM は，数多くのエコシステムパートナーと協力して実証した。文書の誤り，情報の遅延などを防止することで，1 つのシップメントに対して，輸送時間を 40% 短縮し，数千ドルのコストを削減できることなどの結果を得た。また，TradeLens を使用することによる可視性の向上とコミュニケーション手段の効率化により，コン

テナの場所などの基本的な情報を特定する手順を 10 から 1 に，関わるスタッフも 5 人から 1 人に減らすことができると推定している。

同社のプレスリリースによると，マースク，IBM，およびすべてのエコシステムパートナー間の TradeLens の相互運用性とデータ保護を保証できる。また，標準化に関しては OpenShipping.org を通して積極的に進めていて，UN/CEFACT と API 基準を検討している。

TradeLens API は公開されており，開発者によるアクセスおよびプラットフォームの参加者からのフィードバックが可能。現在，この TradeLens のソリューションは Early Adopter Program（早期参加者プログラム）を使用して利用可能であり，2018 年末までに完全に商業的に利用可能になる見込みという。

海運業界において，これからも各種の先端技術が応用され，画期的な変化を期待できそうだ。

6.3　重要になるセキュリティ

多くのものが相互接続された世界では，サイバーセキュリティの課題を忘れてはならない。

2017 年 6 月 27 日，「NotPetya」と呼ばれるランサムウェア[3]ウイルスが世界中の企業を混乱させた。ロシア，ウクライナ，ポーランド，フランス，イタリア，イギリス，ドイツ，アメリカで政府機関，空港，銀行，電力会社，複数の国際企業が被害を受けた。海運業界でもマースクラインが被害を受け，ビジネスに莫大な影響を与えた。

マースクラインは，世界各地に出荷されているコンテナの 7 本に 1 本を輸送しているといわれている。攻撃が始まったのはヨーロッパでは火曜日の午後だった。マースクは対応策としていくつかのシステムを停止することに決めた。このため，アメリカ，インド，スペインを含むグループ会社の APM ターミナルズが運営する 76 の港のいくつかで渋滞につながった。同社は技術復旧計画に取り組みつつ，手動で注文を受け取り，顧客と通信するために代替チャネル

を使用した。

　マースクラインは，サイバー攻撃によってデータは失われておらず，問題解決後すぐに業務を再開できたにもかかわらず，損失は3億米ドルも及んだという[4]。

6.3.1　ランサムウェアとは

　ランサムウェアは，今日，最も深刻なセキュリティ脅威の1つになっている。実際に，多くの公的機関（地方自治体，医療機関，公共交通機関を含む），民間企業，さらには個人も攻撃を受けている。ランサムウェアの大部分は，迷惑メールやフィッシングメール，不正アクセスされたWebサイトや「悪意のある攻撃」（攻撃者が悪意のあるコードを広めるためにWeb広告を使用する）を使って配布されている。

　ランサムウェアを配信するには，メールによる配信とウェブサイト経由の配信の2つの基本的なメカニズムがある（図表6-7）。

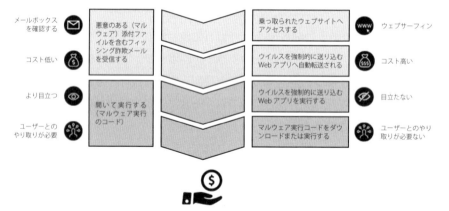

図表6-7　ランサムウェア配信のメカニズム

※ https://www.lastline.com/labsblog/ransomware-delivery-mechanisms/ を基に著者が作成

① メールによる配信

　図表 6-7 の左側はメールによる配信のシナリオである。攻撃者は犠牲者に電子メールを送信し，電子メールに添付された文書を開くように誘導する。JavaScript（JS）ファイル，Visual Basic（VB）スクリプト，Windows Script ファイル（WSF），Scalable Vector Graphics（SVG）ファイル，そして Microsoft Office ドキュメントが最も頻繁に利用されている。

　また，ランサムウェアが Microsoft Office ドキュメントを介して配信される場合，最終的なマルウェア実行のコードをダウンロードさせるために，コマンドアンドコントロール（C&C）サーバと通信するための 2 種類のテクニックが頻繁に使われる。1 つ目は，wscript.exe（または powershell.exe）により実行する。2 つ目は，Microsoft Office のマクロを介して直接ダウンロードを実行する（通常，難読化された VBA ベースのダウンローダを使用している）。

図表 6-8　電子メールによって配信されるランサムウェア

出所：https://www.lastline.com/labsblog/ransomware-delivery-mechanisms/ より（図表 6-9 も同じ）

② ウェブサイト経由の配信

　図表 6-7 の右側には，ドライブバイダウンロード攻撃による典型的な感染が表示されている。このシナリオでは，ユーザーは乗っ取られた Web サイトからウイルスを強制的に送り込む Web アプリのリンク先ページへ自動転送される。これにより，マルウェア実行のコードがインストールされる。場

合によっては，攻撃者は感染したWebサイトとランディングページの間に追加のレイヤー，いわゆるゲートを使用する。このゲートにより，攻撃者は地理的位置，ブラウザのユーザーエージェント，または参照元などの特定の基準によって潜在的な犠牲者をフィルタリングできる。これらの基準に応じて，攻撃者は最も適切な攻撃をユーザーの環境にロードできる。たとえば，パッチが適用されていないサードパーティのソフトウェア（Flash PlayerやJavaプラグインなど）を検出して悪用し，訪問者がソーシャルエンジニアリ

図表6-9　ランサムウェアのウェブ配信のスクリーンショット

図表6-10　ランサムウェアに感染したときの典型的な画面

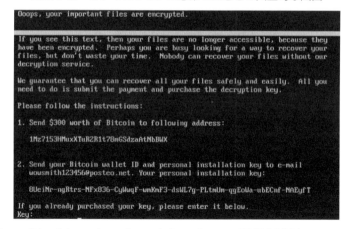

出所：https://cloudblogs.microsoft.com/microsoftsecure/2017/06/27/new-ransomware-old-techniques-petya-adds-worm-capabilities/?source=mmpc より

第6章　外航海運業務における新テクノロジー　　125

ングスキームを使用してペイロードをダウンロードして実行するように誘導することができる。図表6-9は，実行ファイルをダウンロードしてChromeのフォントを更新するように促すメッセージの例である。

6.3.2　その他のマルウェア[5]

Petyaと NotPetya は，2016年と2017年に世界中でおよそ1万6千台のコンピュータに影響を及ぼした代表的な2つのマルウェアである。Petya と NotPetya は両方とも，感染したコンピュータのハードディスクを暗号化することを目的としている。しかし，Petya は犠牲者から Bitcoin を要求する定番のトランスアクションウェアであり，NotPetya はコンピュータへの感染を助ける潜在的なツールを数多く持っている。

① Petya

Petya とは，ターゲットのコンピュータに感染し，データの一部を暗号化するマルウェアの一種で，データを元に戻すために Bitcoin で支払う方法を説明するメッセージを被害者に提示する。その名前は，1995年のジェームス・ボンドの映画「GoldenEye」の不吉なプロットの一部だった衛星からとられた。このマルウェアの作者のものである疑いのある Twitter アカウントは，悪役を演じた俳優のアラン・カミング（Alan Cumming）の写真をアバターとして使用していた。

② NotPetya

NotPetya はロサンゼルスからの攻撃として偽装されたロシアのサイバー攻撃として広く認識されている。

NotPetya は，いくつかの点で Petya に似ている。マスターファイルテーブルを暗号化し，ファイルへのアクセスの復元と引き換えに Bitcoin で身代金を要求する画面を表示させる。しかし，Petya よりはるかに危険な点がいくつかある。

• NotPetya は人間の介入なしに単独で広がる。Petya は，犠牲者に迷惑メールからダウンロードして起動させ，管理者権限を要求する。

- NotPetya はすべてを暗号化してしまう。マスターブートレコードを暗号化する Petya のトリックをはるかに超えて，ハードディスクをひどく壊す。
- NotPetya はランサムウェアではない。ランサムウェアのように見え，Bitcoin を指定されたウォレットに送るとファイルが復号化できることを被害者に知らせる画面が表示される。Petya の場合，この画面には身代金と一緒に送付するコードが含まれている。攻撃者はこのコードによって，被害者が支払ったことを特定できる。しかし，NotPetya に感染したパソコンでは，このコードはランダムに生成されていたため，支払っても特定するのに何も役立たない。そして，この暗号化する過程で，NotPetya はパソコンに修復不可能なダメージを与えたことが判明している。

6.3.3 防ぐための対策

ランサムウェアは，サイバー犯罪者に潤沢なリターンを与える。そのインセンティブから，手口はさらに巧妙になるとともに数も増え続けている。セキュリティ業界は，これらの技術を理解するために積極的な措置を講じることが重要だ。以下に主な対策を挙げた。

- こまめにバックアップする

一度ランサムウェアによって暗号化されたファイルを元に戻すことは極めて困難。クラウドや外付けハードディスクなどの複数の場所に重要なファイルのコピーを常にバックアップして保管することは大事だ。

- OS やソフトの脆弱性を修正する

パソコンの OS やソフトの脆弱性を残していると，脆弱性をついた攻撃を受けてランサムウェアに感染してしまう可能性が増す。Windows Update などのソフトウェアの自動更新を有効にするなど，OS やソフトの開発元から更新プログラムが提供されたら速やかに適用し，脆弱性を修正する。

NotPetya の亜種による感染を防ぐためのパッチが対応する最も重要な脆弱性は，EternalBlue が悪用した Server Message Block（SMB）プロトコルの欠陥である。この穴は，NotPetya が発生する数か月前の 2017 年 3 月に実際に

第 6 章　外航海運業務における新テクノロジー　　127

入手可能だった Microsoft パッチ MS17-010 によって塞ぐことができた。しかも，NotPetya のわずか数週間前に発生し，広く知られた WannaCry により，MS17-010 の重要性が広く注目されたにもかかわらず，そこにはパッチの当てられていない多くのコンピュータがあり，NotPetya の広がりに拍車をかけた。

• メールのリンクや添付ファイルを安易に開かない

　　不明や怪しい送信先からのメールは開かずに削除する。実在する企業を名乗るメールなど，一見それらしいものでも，本当に心当たりがあるかを再確認したり，その企業のホームページを参照して注意喚起情報をチェックする。必要な場合はホームページ上の問い合わせ先に電話したりして，慎重に内容の事実確認をする。

6.3.4　ランサムウェアに感染したときの対応

　ランサムウェアに感染させる騙しの手口は巧妙である。感染して端末本体や端末内のデータを人質にとられてしまったときの対処法を以下に紹介する。

• 金銭を支払わない

　　金銭を要求されても決して言いなりになってはいけない。支払ったところで犯罪者が暗号化したファイルを確実に元に戻してくれる保証はない上に，ランサムウェアの拡散にうまみを感じたサイバー犯罪者の攻撃を助長してしまうことにもなる。

• ネットワークから感染端末を外す

　　自宅や勤務先のネットワークでほかの端末とファイル共有などをしている場合には，他の端末が感染，あるいは暗号化されるデータが増えてしまうリスクがある。早期に気付けば被害を抑えることもできるので，有線であれば LAN ケーブルを外し，無線の場合は Wi-Fi をオフにし，感染した端末をネットワークから外す。

• すばやく利用中のセキュリティソフトのサポート窓口に連絡する

　　感染が疑われる場合には，まず利用中のセキュリティソフトを提供する企

業のサポート窓口に問い合わせることを薦める。

【注釈】
(1) RFID（radio frequency identifier）とは，ID 情報を埋め込んだ RF タグから，近距離（周波数帯によって数 cm ～数 m）の無線通信によって情報をやり取りするもの，およびその技術全般を指す。

(2) スマートコントラクトとは，デジタル形式で記述された約束の集合で，決められたプロトコルに従って当事者間で約束を実行する。コントラクト（契約）はブロックチェーンの上で実行することより，分散環境で特定主体を信頼せずに，契約を実行することが可能になる。さらに，IoT と組み合わせることで，物理的なモノの場所や状態を検知して，それを契機にスマートコントラクトで契約を実施することもできるようになる。

(3) ランサムウェア（Ransomware）とは，マルウェアの一種である。感染したコンピュータをロックしたり，ファイルを暗号化したりすることによって使用不能にしたのち，元に戻すことと引き換えに「身代金」を要求する不正プログラム。このため，身代金要求型不正プログラムとも呼ばれる。

(4) https://www.bloomberg.com/news/articles/2017-08-16/maersk-misses-estimates-as-cyberattack-set-to-hurt-third-quarter （2018 年 2 月閲覧）

(5) マルウェア（Malware）：コンピュータウイルスをはじめとする有害なソフトウェアの総称。

付録 1

外航海運業務関連
国連標準メッセージ（UNSMs）
機能定義一覧

出所：http://www.jastpro.org/model/pdf/19-data05-message.pdf より

- APERAK：Application error and acknowledgement message（アプリケーションエラー・受信確認メッセージ）

    このメッセージの機能は以下のとおりである。

    ◆ メッセージが受信側アプリケーションによって受信され，アプリケーションでの処理中にエラーが検出されたために，拒否されたことをそのメッセージの発行者（Issuer）に通知する。

    ◆ メッセージがその受信側アプリケーションによって受信されたことを，メッセージの発行者に通知する。

- BERMAN：Berth Management message（バース管理メッセージ）

    バース管理用メッセージは，船社，その代理店または運送業者から，港湾や水路管理に責任を持つ港湾当局へバースを要求し，寄港，船舶，バース要件および予想されるオペレーションを提供するメッセージである。

- CALINF：Vessel call information message（船舶入港情報メッセージ）

    定期船（船社）代理店から荷役会社への通知メッセージ。船舶の到着予定時刻や想定される貨物作業（揚積）に関する情報が報告される。

- COARRI：Container discharge/loading report message（コンテナ揚積報告メッセージ）

    船舶からの指定コンテナの荷降ろし（発注どおりの荷降ろし，予定よりも多い荷降ろし，少ない荷降ろしなど），船舶へのコンテナの積み込み結果を報告するコンテナターミナルからのメッセージである。

- CODECO：Container gate-in/gate-out report message（コンテナゲートイン・アウトメッセージ）

  指定のコンテナが内陸運送業者（道路，鉄道，艀）によって配達または引き取られたことを確認するためにターミナル，デポなどによって使用されるメッセージ。このメッセージを，ターミナル内部のコンテナの移動状況（船舶へ／からの積み降ろしを除く）を報告するために使用することもできる。

- CODENO：Permit expiration/clearance ready notice message（許可証期限・手続文書通知メッセージ）

  許可証，通関手続用文書の有効期間が近づいているか，正規の通関手続きが行われたことを知らせるための通知。

- COEDOR：Container stock report message（コンテナストック報告メッセージ）

  荷送り側のストック（すなわち，ターミナル，デポ，またはコンテナフレイトステーション）にあるコンテナを報告するメッセージ。

- COHAOR：Container special handling order message（コンテナ特別取扱指示メッセージ）
  コンテナについての指定した特殊荷扱いおよび／またはサービスを実行するための指図。

- CONTRL：Syntax and service report message（シンタックスサービス報告メッセージ）
  受信したデータ，機能グループまたはメッセージに対し，シンタックス的に受信確認したり拒否したりするためのエラー標識を持つメッセージ。

- COPARN：Container announcement message（コンテナに関する各種指示メッセージ）
  このメッセージには，コンテナのリリース，使用可能化，受け入れ，呼び出し，または，コンテナの到着をアナウンスするための指図（Order）を含む。このメッセージは，コンテナ関連の一連のメッセージの一部である。これらのメッセージは，情報交換を合理化して，コンテナのインターモーダル処理を簡素化するために使用する。コンテナメッセージのビジネスシナリオは，「EDIFACTコンテナメッセージのシナリオのための指針（Guide to the scenario of EDIFACT container messages）」と呼ばれる文書の中で明示されている。当該指図は，実入りコンテナ（フルコンテナロード（FCL：Full Container Load）とコンテナのキャパシティー以下の積載（LCL：Less than Container Load）），荷積み前と開梱後の空コンテナの手配，空コンテナのリース手配などに関係する場合がある（コンテナの借入れと返却）。

付録1　外航海運業務関連国連標準メッセージ（UNSMs）機能定義一覧　　131

- COPINO：Container pre-notification message（コンテナ事前通知メッセージ）
  コンテナの配送または収集を通知する内陸運送業者によって使用されるメッセージ。
- COPRAR：Container discharge/loading order message（コンテナ揚積指示メッセージ）
  指定のコンテナを船舶から荷降ろしするか，船舶へ荷積みしなければならないことをコンテナターミナルに指示するためのメッセージ。
- COREOR：Container release order message（コンテナリリース指示メッセージ）
  コンテナをリリースすることを指示するメッセージ。指定された当事者またはその代理人が収集することを許可する場合もある。
- COSTCO：Container stuffing/stripping confirmation message（コンテナ積み込み・開梱確認メッセージ）
  指定された貨物，委託貨物が LCL コンテナに対し積み込まれていること，または開梱されていることの確認メッセージ。
- COSTOR：Container stuffing/stripping order message（コンテナ積み込み・開梱指示メッセージ）
  指定された貨物，委託貨物を LCL コンテナに対し積み込み（すでに配送されているものや，これから配送されるもの），または開梱することを指示するメッセージ。
- CUSCAR：Customs cargo report message（税関用貨物報告メッセージ（積荷目録））
  税関の貨物報告要求を満たすために，運送業者から税関当局にデータを伝送するときに使用するメッセージ。
- CUSDEC：Customs declaration message（税関用申告メッセージ）
  輸入，輸出，通過貨物の申告に関する法的および／または運用上の要件を満たすために，申告者から税関当局にデータを伝送するときに使用するメッセージ。
- CUSREP：Customs conveyance report message（税関用船舶に関する報告メッセージ）
  運送貨物の輸送手段に関する税関への報告上の要件を満たすために，運送業者から税関当局にデータを伝送するときに使用するメッセージ。
- CUSRES：Customs response message（税関からの応答メッセージ）
  この税関応答メッセージは，以下の目的で税関当局からのデータ伝送に使用する。
    - ◆ メッセージの受信に対して受信確認する。
    - ◆ 受信情報が適正かどうか，またはエラーがあるかどうかを指摘する（すなわち，エラーなしで受け入れたか，エラーありで受け入れたか，拒否したかな

どを示す）。

- ◆ 送信者に，税関申告のステータス（すなわち，リリースされる貨物，検査用貨物，必要な書類など）を通知する。
- ◆ 当事者間で合意された追加情報（すなわち，関税情報，数量情報など）を伝送する。バッチ処理メッセージ（すなわち，CUSDEC，CUSCAR，CUSREP，CUSEXP）に応答する。

- DESADV：Dispatch advice message（貨物発送通知メッセージ）

  合意された条件に従って，発送された貨物または発送予定貨物の詳細を通知するメッセージ。このメッセージは，配送用発送通知（Delivery Dispatch Advice）メッセージと返品用発送通知（Returns Dispatch Advice）メッセージの両方の仕様として機能する。

- DESTIM：Equipment damage and repair estimate message（コンテナ損傷・修理見積もりメッセージ）

  コンテナの修理，船積，リース会社によって使用されるメッセージ。コンテナ機器修理デポが，所有者または使用者に，機器の損傷を修理するために必要な修理アクションや修理コストの見積もりのような，機器に対する損傷の記述を報告するときに使用することができる。受信人としての所有者は，その見積もりを借主に転送することができる。また，このメッセージは，所有者または借主が，見積書に示されている修理を実行するための修理デポに対する承認メッセージや，その勘定のための見積書に示されている修理額の支払承認メッセージとして使用することもできる。

- HANMOV：Cargo/goods handling and movement message（貨物／商品取り扱いおよび移動メッセージ）

  当事者から倉庫や配送センターなどに送信されるメッセージであり，荷扱いサービスを確認し，また，必要に応じて，配送センターの管轄内の倉庫に特定の貨物の移動を通知するために使用される。

- IFTDGN：Dangerous goods notification message（危険品申請メッセージ）

  危険品を申請する当事者（輸送業者の代理店，フレイトフォワーダーなど）から，危険品が管理上の法的要求に一致していることを検査する当局（通常は港湾管理局）に送られるメッセージ。積荷，揚荷，および／または積み替えなどを行う危険物品に関して，船舶，列車，トラック，艀などの輸送手段による 1

付録1　外航海運業務関連国連標準メッセージ（UNSMs）機能定義一覧　　133

回の輸送，航海に関連する情報が提供される。

- IFTMAN：Arrival notice message（貨物到着通知メッセージ）

　　フォワーディングおよび／または輸送業務を行う当事者から，契約で指示されている当事者に，託送貨物の到着通知やその明細を伝えるためのメッセージ。

- IFTMBC：Booking confirmation message（貨物ブッキング確認メッセージ）

　　フォワーディングおよび／または輸送業務を行う当事者から，これらの業務のブッキングを行う当事者に，託送貨物のブッキングに対する確認情報を提供するためのメッセージ。このメッセージでは，託送貨物のブッキングの承認，保留，条件付き承認，拒否などを読み取ることができる。

- IFTMBF：Firm booking message（確定貨物ブッキングメッセージ）

　　フォワーディングおよび／または輸送業務を行う当事者から，輸送サービスを提供する当事者に確実にブッキングするためのメッセージ。メッセージには，メッセージ送信者が輸送を要求する場合の条件を含む。

- IFTMBP：Provisional booking message（予約貨物ブッキングメッセージ）

　　フォワーディングおよび／または輸送業務での託送予定貨物のスペースを要求する，および／または，それに対して簡単な明細を提供する当事者から，その業務を行う当事者に送るメッセージ。このメッセージでは，計画されている輸送の行われる条件を伝えることができる。

- IFTMCS：Instruction contract status message（船積指図・託送貨物契約メッセージ）

　　フォワーディング，輸送業務を行う当事者から，これらの業務の指示書を発行した当事者に，輸送および託送貨物の実際の明細，諸条件（課される場合の料金など）を伝えるためのメッセージ。輸送業者相互間で契約情報を交換する場合にも使用することができる。

- IFTMIN：Instruction message（託送貨物輸送指示メッセージ）

　　合意された条件に基づいて，フォワーディング，輸送業務の指示を出す当事者が，フォワーディングおよび／または輸送業務を手配する当事者に送るメッセージ。

- IFTSTA：International multimodal status report message（複合輸送状況報告メッセージ）

　　合意した当事者間で輸送ステータスおよび／または輸送ステータス（つまりイベント）の変更を報告するためのメッセージ。

- IFCSUM：Forwarding and consolidation summary message（混載貨物関係メッセージ）

  フォワーディングと輸送業務を手配する当事者から，混載貨物が仕向けられる当事者への貨物情報を連絡するために使用されるメッセージ。このメッセージは，フォワーダー，輸送業者，混載代理店の間で混載貨物に関する情報を交換するために使用することができる。また，フォワーディングと輸送業務の場合に，荷主から託送貨物情報を収集するために使用することもできる。

- INVOIC：Invoice message（インボイスメッセージ）

  売主と買主の間で合意された条件に基づいて，供給される物品またはサービスに対して支払いを要求するためのメッセージ。このメッセージは，正確なデータを用意することによって，請求書（Debit Note）と貸方票（Credit Note）メッセージの明細書としての機能も果たす。

- PAXLST：Passenger list message（乗客，乗務員情報メッセージ）

  出発国の税関，入国管理局，または指定機関（当局）から，輸送手段の到着国の当局，機関などに乗客，乗務員データを伝送するためのメッセージ（それぞれの国の個人情報に関わる法律によって認められ，すべての関係者の合意がある場合）。

- VESDEP：Vessel departure message（船舶出港通知メッセージ）

  荷役業者（Stevedore）から定期船代理店（Liner Agent）へ，または定期船代理店から管轄当局（Local Authority）（たとえば，港湾局）へ送信される，船舶の出港および実際のコンテナまたは貨物オペレーションに関する情報。

- WASDIS：Waste Disposal Information（廃棄物処理情報メッセージ）

  輸送手段の最終検査に関する情報および輸送手段の次の到達地あるいは寄港地で廃棄される予定のその輸送手段（たとえば船舶）に積載された廃棄物，および／またはその輸送手段に関連した機材・備品に関する情報を伝達するものである。たとえば公海および港湾で輸送手段によって引き起こされる汚染をコントロールできるように設計されている。このメッセージは，輸送手段および／または輸送手段関連機材・備品に関係するものである。輸送手段が出発した後でのみ伝送される。輸送手段の検査が行われた場合にのみ，このメッセージは使用される。

付録 2

EDI 仕様書

　以下は，コンテナのステータス（トラッキング）を受信する EDI 電文の UN/EDIFACT の IFTSTA と ANSI の 315 の EDI 仕様書である。

　なお，EDI 仕様書には通常，次の表記規則が適用される。

a	alphabetic characters	英字
n	numeric characters	数字
an	alpha-numeric characters	英数字
a3	3 alphabetic characters, fixed length	固定長 3 の英字
n3	3 numeric characters, fixed length	固定長 3 の数字
an3	3 alpha-numeric characters, fixed length	固定長 3 の英数字
a..3	up to 3 alphabetic characters	最大 3 文字の英字
n..3	up to 3 numeric characters	最大 3 文字の数字
an..3	up to 3 alpha-numeric characters	最大 3 文字の英数字

◆ UN/EDIFACT（IFTSTA）

IFTSTA International multimodal status report message

Purpose: A message to report the transport status and/or a change in the transport status (i.e. event) between agreed parties.

Pos	Tag	Segment Name	Status	Rep	Notes	Usage
	UNB	INTERCHANGE HEADER	M	1		M
0010	UNH	MESSAGE HEADER	M	1	N0/0010	M
0020	BGM	BEGINNING OF MESSAGE	M	1	N0/0020	M
0030	DTM	DATE/TIME/PERIOD	C	9	N0/0030	O
0050		**Segment Group 1**	**C**	**9**	**N0/0050**	**O**
0060	NAD	NAME AND ADDRESS	M	1	N0/0060	M
0160		**Segment Group 4**	**C**	**99999**	**N0/0160**	**O**
0170	CNI	CONSIGNMENT INFORMATION	M	1	N0/0170	M
0200		**Segment Group 5**	**M**	**99**	**N0/0200**	**M**
0210	STS	STATUS	M	1	N0/0210	M
0220	RFF	REFERENCE	C	999	N0/0220	O
0230	DTM	DATE/TIME/PERIOD	C	9	N0/0230	O
0270	LOC	PLACE/LOCATION IDENTIFICATION	C	1	N0/0270	O
0290		**Segment Group 6**	**C**	**99**	**N0/0290**	**O**
0300	TDT	DETAILS OF TRANSPORT	M	1	N0/0300	M
0330		**Segment Group 7**	**C**	**9**	**N0/0330**	**O**
0340	LOC	PLACE/LOCATION IDENTIFICATION	M	1	N0/0340	M
0350	DTM	DATE/TIME/PERIOD	C	9	N0/0350	O
0360		**Segment Group 8**	**C**	**99**	**N0/0360**	**O**
0370	EQD	EQUIPMENT DETAILS	M	1	N0/0370	M
0380	MEA	MEASUREMENTS	C	9	N0/0380	O
0620	UNT	MESSAGE TRAILER	M	1	N0/0620	M
	UNZ	INTERCHANGE TRAILER	M	1		M

付録 2　EDI 仕様書　　137

UNB　INTERCHANGE HEADER

Pos:	Max: 1
	Mandatory
Group: N/A	Elements: 5

User Option (Usage): M
Purpose: To start, identify and specify an interchange.

Element Summary:

Ref	Tag	Element Name	Status	Type	Min/Max	Usage
UNB010	S001	**SYNTAX IDENTIFIER**	M	Comp		M

Description: Identification of the agency controlling the syntax and indication of syntax level.

Ref	Tag	Element Name	Status	Type	Min/Max	Usage
UNB010-010	0001	**Syntax identifier**	M	a	4/4	M

Description: Coded identification of the agency controlling a syntax and syntax level used in an interchange.

Code	Name
UNOA	UN/ECE level A

Ref	Tag	Element Name	Status	Type	Min/Max	Usage
UNB010-020	0002	**Syntax version number**	M	n	1/1	M

Description: Version number of the syntax identified in the syntax identifier (0001).

Code	Name
1	Version 1

Ref	Tag	Element Name	Status	Type	Min/Max	Usage
UNB020	S002	**INTERCHANGE SENDER**	M	Comp		M

Description: Identification of the sender of the interchange.

Ref	Tag	Element Name	Status	Type	Min/Max	Usage
UNB020-010	0004	**Sender identification**	M	an	1/35	M

Description: Name or coded representation of the sender of a data interchange.

Ref	Tag	Element Name	Status	Type	Min/Max	Usage
UNB020-020	0007	**Partner identification code qualifier**	C	an	1/4	O

Description: Qualifier referring to the source of codes for the　identifiers of interchanging partners.

Code	Name
ZZZ	Mutually defined

Ref	Tag	Element Name	Status	Type	Min/Max	Usage
UNB030	S003	**INTERCHANGE RECIPIENT**	M	Comp		M

Description: Identification of the recipient of the interchange.

Ref	Tag	Element Name	Status	Type	Min/Max	Usage
UNB030-010	0010	**Recipient identification**	M	an	1/35	M

Description: Name or coded representation of the recipient of a data　interchange.

Ref	Tag	Element Name	Status	Type	Min/Max	Usage
UNB030-020	0007	**Partner identification code qualifier**	C	an	1/4	O

Description: Qualifier referring to the source of codes for the identifiers of interchanging partners.

Code	Name
ZZZ	Mutually defined

Ref	Tag	Element Name	Status	Type	Min/Max	Usage
UNB040	S004	**DATE/TIME OF PREPARATION**	M	Comp		M

Description: Date/time of preparation of the interchange.

Ref	Tag	Element Name	Status	Type	Min/Max	Usage
UNB040-010	0017	**Date of preparation**	M	n	6/6	M

Description: Local date when an interchange or a functional group was　prepared.

Ref	Tag	Element Name	Status	Type	Min/Max	Usage
UNB040-020	0019	**Time of preparation**	M	n	4/4	M

Description: Local time of day when an interchange or a functional group　was prepared.

| UNB050 | 0020 | **Interchange control reference** | M | an | 1/14 | M |

Description: Unique reference assigned by the sender to an interchange.

Sample:
UNB+UNOA:1+MAEU+PARTNER+110407:1900+5645'

付録 2　EDI 仕様書　　139

UNH　MESSAGE HEADER

Pos: 0010	Max: 1
Mandatory	
Group: N/A	Elements: 2

User Option (Usage): M
Purpose: To head, identify and specify a message.

Element Summary:

Ref	Tag	Element Name	Status	Type	Min/Max	Usage
UNH010	0062	**Message reference number**	M	an	1/14	M

Description: Unique message reference assigned by the sender.

Ref	Tag	Element Name	Status	Type	Min/Max	Usage
UNH020	S009	**MESSAGE IDENTIFIER**	M	Comp		M

Description: Identification of the type, version, etc. of the message being interchanged.

Ref	Tag	Element Name	Status	Type	Min/Max	Usage
UNH020-010	0065	**Message type**	M	an	1/6	M

Description: Code identifying a type of message and assigned by its controlling agency.

Code	Name
IFTSTA	International multimodal status report message

Ref	Tag	Element Name	Status	Type	Min/Max	Usage
UNH020-020	0052	**Message version number**	M	an	1/3	M

Description: Version number of a message type.

Code	Name
D	Draft version/UN/EDIFACT Directory

Ref	Tag	Element Name	Status	Type	Min/Max	Usage
UNH020-030	0054	**Message release number**	M	an	1/3	M

Description: Release number within the current message version number.

Code	Name
99B	Release 1999 - B

Ref	Tag	Element Name	Status	Type	Min/Max	Usage
UNH020-040	0051	**Controlling agency, coded**	M	an	1/3	M

Description: Code identifying a controlling agency.

Code	Name
UN	UN/CEFACT

Sample:

UNH+564500001+IFTSTA:D:99B:UN'

BGM	**BEGINNING OF MESSAGE**	Pos: 0020	Max: 1
		Mandatory	
		Group: N/A	Elements: 2

User Option (Usage): M
Purpose: To indicate the type and function of a message and to transmit the identifying number.

Element Summary:

Ref	Tag	Element Name	Status	Type	Min/Max	Usage
BGM010	C002	**DOCUMENT/MESSAGE NAME**	C	Comp		O

Description: Identification of a type of document/message by code or name. Code preferred.

BGM010-010	1001	**Document name code**	C	an	1/3	O

Description: Code specifying the document name.

Code	Name
23	Status information

BGM030	1225	**Message function code**	C	an	1/3	O

Description: Code indicating the function of the message.

Code	Name
9	Original

Sample:
BGM+23++9'

付録 2　EDI 仕様書　　141

DTM　DATE/TIME/PERIOD

Pos: 0030	Max: 9
Conditional	
Group: N/A	Elements: 1

User Option (Usage): O
Purpose: To specify date, and/or time, or period.

Element Summary:

Ref	Tag	Element Name	Status	Type	Min/Max	Usage
DTM010	C507	**DATE/TIME/PERIOD**	M	Comp		M

Description: Date and/or time, or period relevant to the specified date/time/period type.

DTM010-010	2005	**Date/time/period function code qualifier**	M	an	1/3	M

Description: Code giving specific meaning to a date, time or period.

Code	Name
137	Document/message date/time

DTM010-020	2380	**Date/time/period value**	C	an	1/35	O

Description: The value of a date, a date and time, a time or of a period in a specified representation.

DTM010-030	2379	**Date/time/period format code**	C	an	1/3	O

Description: Code specifying the representation of a date, time or period.

Code	Name
102	CCYYMMDD
203	CCYYMMDDHHMM

Sample:
DTM+137:201104071900:203'

Segment Group 1

			Pos: 0050	Repeat: 9
			Conditional	
			Group: 1	Elements: N/A

User Option (Usage): O
Purpose:

Segment Group Summary:

Pos	Tag	Segment Name	Status	Rep	Usage
0060	NAD	NAME AND ADDRESS	M	1	M

付録 2　EDI 仕様書　　143

NAD　NAME AND ADDRESS

Pos: 0060	Max: 1
Mandatory	
Group: 1	Elements: 4

User Option (Usage): M
Purpose: To specify the name/address and their related function, either by C082 only and/or unstructured by C058 or structured by C080 thru 3207.

Element Summary:

Ref	Tag	Element Name	Status	Type	Min/Max	Usage
NAD010	3035	**Party function code qualifier**	M	an	1/3	M

Description: Code giving specific meaning to a party.

Code	Name
CA	Carrier
CN	Consignee
CZ	Consignor
FW	Freight forwarder
MS	Document/message issuer/sender
OF	On behalf of

Ref	Tag	Element Name	Status	Type	Min/Max	Usage
NAD020	C082	**PARTY IDENTIFICATION DETAILS**	C	Comp		O

Description: Identification of a transaction party by code.

NAD020-010	3039	**Party identifier**	M	an	1/35	M

Description: Code specifying the identity of a party.

NAD020-020	1131	**Code list identification code**	C	an	1/3	O

Description: Identification of a code list.

Code	Name
172	Carriers

NAD020-030	3055	**Code list responsible agency code**	C	an	1/3	O

Description: Code specifying the agency responsible for a code list.

Code	Name
166	US, National Motor Freight Classification Association

NAD030	C058	**NAME AND ADDRESS**	C	Comp		O

Description: Unstructured name and address: one to five lines.

NAD030-010	3124	**Name and address line**	M	an	1/35	M

Description: Free form name and address description.

NAD030-020	3124	**Name and address line**	C	an	1/35	O

Description: Free form name and address description.

NAD030-030	3124	**Name and address line**	C	an	1/35	O

Description: Free form name and address description.

NAD030-040	3124	**Name and address line**	C	an	1/35	O

Description: Free form name and address description.

NAD030-050	3124	**Name and address line**	C	an	1/35	O

Description: Free form name and address description.

NAD090	3207	**Country name code**	C	an	1/3	O

Description: Identification of the name of the country or other geographical entity as specified in ISO 3166.

Sample:

```
NAD+MS+MAEU:172:166'
NAD+CZ+43800002SGN+ABC LOGISTICS NIKE VIETNAM:22 PHAM NGOC THACH STREET, WARD 03,:HO
CHI MINH CITY VIETNAM+++++65'
```

Segment Group 4

Pos: 0160   **Repeat:** 99999

Conditional

Group: 4   **Elements:** N/A

User Option (Usage): O
Purpose:

Segment Group Summary:

Pos	Tag	Segment Name	Status	Rep	Usage
0170	CNI	CONSIGNMENT INFORMATION	M	1	M
0200		Segment Group 5	M	99	M

付録 2　EDI 仕様書　　145

CNI CONSIGNMENT INFORMATION

Pos: 0170　　Max: 1
Mandatory
Group:　4　Elements: 1

User Option (Usage): M
Purpose: To identify one consignment.

Element Summary:

Ref	Tag	Element Name	Status	Type	Min/Max	Usage
CNI010	1490	Consolidation item number	C	n	1/4	O

Description: Serial number differentiating each separate consignment included in the consolidation.
Maersk Usage: *1*

Sample:
CNI+1'

Segment Group 5

			Pos: 0200	Repeat: 99
			Mandatory	
			Group: 5	Elements: N/A

User Option (Usage): M
Purpose:

Segment Group Summary:

Pos	Tag	Segment Name	Status	Rep	Usage
0210	STS	STATUS	M	1	M
0220	RFF	REFERENCE	C	999	O
0230	DTM	DATE/TIME/PERIOD	C	9	O
0270	LOC	PLACE/LOCATION IDENTIFICATION	C	1	O
0290		Segment Group 6	C	99	O
0360		Segment Group 8	C	99	O

付録 2　EDI 仕様書　　147

STS　STATUS

Pos: 0210	Max: 1
Mandatory	
Group: 5	Elements: 2

User Option (Usage): M
Purpose: To specify the status of an object or service, including its category and the reason(s) for the status.

Element Summary:

Ref	Tag	Element Name	Status	Type	Min/Max	Usage
STS010	C601	**STATUS CATEGORY**	C	Comp		O

Description: To specify the category of the status.

STS010-010	9015	**Status category, coded**	M	an	1/3	M

Description: Code identifying the category of a status.

Code	Name
1	Transport

STS020	C555	**STATUS**	C	Comp		O

Description: To specify a status.

STS020-010	4405	**Status description code**	M	an	1/3	M

Description: Code specifying a status.

Code	Name
1	Arrived
12	Customs Release/Freight Release
21	Gate-out Delivered
24	Vessel Departure
27	Gate Out Empty
29	Discharged
31	On-Rail
40	Gate Out Import
48	Loaded
59	Off-Rail
74	Gate in Full/Gate in Import Full
80	Container Empty Return

Sample:
STS+1+48'

RFF	REFERENCE	Pos: 0220 Max: 999
		Conditional
		Group: 5 Elements: 1

User Option (Usage): O
Purpose: To specify a reference.

Element Summary:

Ref	Tag	Element Name	Status	Type	Min/Max	Usage
RFF010	C506	**REFERENCE**	M	Comp		M

Description: Identification of a reference.

| RFF010-010 | 1153 | **Reference function code qualifier** | M | an | 1/3 | M |

Description: Code giving specific meaning to a reference segment or a reference number.

Code	Name
BM	Bill of lading number
BN	Booking reference number
CT	Contract number
CU	Consignor's reference number
IV	Invoice number
SI	SID (Shipper's identifying number for shipment)
AAO	Consignee's shipment reference number
ZZZ	Mutually defined reference number

| RFF010-020 | 1154 | **Reference identifier** | C | an | 1/35 | O |

Description: Identifies a reference.

Sample:

RFF+BN:553740474'

付録 2　EDI 仕様書　　149

DTM　DATE/TIME/PERIOD

Pos: 0230	Max: 9
Conditional	
Group: 5	Elements: 1

User Option (Usage): O
Purpose: To specify date, and/or time, or period.

Element Summary:

Ref	Tag	Element Name	Status	Type	Min/Max	Usage
DTM010	C507	**DATE/TIME/PERIOD**	M	Comp		M

Description: Date and/or time, or period relevant to the specified date/time/period type.

DTM010-010	2005	**Date/time/period function code qualifier**	M	an	1/3	M

Description: Code giving specific meaning to a date, time or period.

Code	Name
334	Status change date/time

DTM010-020	2380	**Date/time/period value**	C	an	1/35	O

Description: The value of a date, a date and time, a time or of a period in a specified representation.
Maersk Usage: *The Date/Time of the Events/Status*

DTM010-030	2379	**Date/time/period format code**	C	an	1/3	O

Description: Code specifying the representation of a date, time or period.

Code	Name
102	CCYYMMDD
203	CCYYMMDDHHMM

Sample:
DTM+334:201104071740:203'

LOC	PLACE/LOCATION	Pos: 0270	Max: 1
	IDENTIFICATION	Conditional	
		Group: 5	Elements: 3

User Option (Usage): O
Purpose: To identify a place or a location and/or related locations.

Element Summary:

Ref	Tag	Element Name	Status	Type	Min/Max	Usage
LOC010	3227	**Location function code qualifier**	M	an	1/3	M

Description: Code identifying the function of a location.

Code	Name
175	Activity location

| LOC020 | C517 | **LOCATION IDENTIFICATION** | C | Comp | | O |

Description: Identification of a location by code or name.

| LOC020-010 | 3225 | **Location name code** | C | an | 1/25 | O |

Description: Code specifying the name of the location.
Maersk Usage: *UNLOCODES must be used.*

| LOC030 | C519 | **RELATED LOCATION ONE IDENTIFICATION** | C | Comp | | O |

Description: Identification the first related location by code or name.

| LOC030-010 | 3223 | **Related place/location one identification** | C | an | 1/25 | O |

Description: Specification of the first related place/location by code.
Maersk Usage: *ISO 2 Alpha Country Codes Must be Used.*

| LOC030-020 | 1131 | **Code list identification code** | C | an | 1/3 | O |

Description: Identification of a code list.

Code	Name
162	Country

| LOC030-030 | 3055 | **Code list responsible agency code** | C | an | 1/3 | O |

Description: Code specifying the agency responsible for a code list.

Code	Name
5	ISO (International Organization for Standardization)

Sample:
LOC+175+SGSIN+SG:162:5'

付録 2 EDI 仕様書 151

Segment Group 6

Pos: 0290	Repeat: 99
Conditional	
Group: 6	Elements: N/A

User Option (Usage): O
Purpose:

Segment Group Summary:

Pos	Tag	Segment Name	Status	Rep	Usage
0300	TDT	DETAILS OF TRANSPORT	M	1	M
0330		Segment Group 7	C	9	O

TDT DETAILS OF TRANSPORT

Pos: 0300   Max: 1
Mandatory
Group: 6   Elements: 5

User Option (Usage): M
Purpose: To specify the transport details such as mode of transport, means of transport, its conveyance reference number and the identification of the means of transport. The segment may be pointed to by the TPL segment.

Element Summary:

Ref	Tag	Element Name	Status	Type	Min/Max	Usage
TDT010	8051	**Transport stage code qualifier**	M	an	1/3	M

Description: Code qualifying a specific stage of transport.

Code	Name
10	Pre-carriage transport
20	Main-carriage transport

Ref	Tag	Element Name	Status	Type	Min/Max	Usage
TDT020	8028	**Conveyance reference number**	C	an	1/17	O

Description: Unique reference given by the carrier to a certain journey or departure of a means of transport (generic term).
Maersk Usage: *Voyage Number*

Ref	Tag	Element Name	Status	Type	Min/Max	Usage
TDT030	C220	**MODE OF TRANSPORT**	C	Comp		O

Description: Method of transport code or name. Code preferred.

Ref	Tag	Element Name	Status	Type	Min/Max	Usage
TDT030-010	8067	**Transport mode name code**	C	an	1/3	O

Description: Code specifying the name of a mode of transport.
Maersk Usage: *1*

Ref	Tag	Element Name	Status	Type	Min/Max	Usage
TDT050	C040	**CARRIER**	C	Comp		O

Description: Identification of a carrier by code and/or by name. Code preferred.

Ref	Tag	Element Name	Status	Type	Min/Max	Usage
TDT050-010	3127	**Carrier identification**	C	an	1/17	O

Description: Identification of party undertaking or arranging transport of goods between named points.

Code	Name
MAEU	MAERSK LINE
MCCQ	MCC TRANSPORT
SAFM	SAFMARINE

Ref	Tag	Element Name	Status	Type	Min/Max	Usage
TDT050-020	1131	**Code list identification code**	C	an	1/3	O

Description: Identification of a code list.

Code	Name
172	Carriers

Ref	Tag	Element Name	Status	Type	Min/Max	Usage
TDT050-030	3055	**Code list responsible agency code**	C	an	1/3	O

Description: Code specifying the agency responsible for a code list.

Code	Name
166	US, National Motor Freight Classification Association

Ref	Tag	Element Name	Status	Type	Min/Max	Usage
TDT080	C222	**TRANSPORT IDENTIFICATION**	C	Comp		O

Description: Code and/or name identifying the means of transport.

Ref	Tag	Element Name	Status	Type	Min/Max	Usage
TDT080-010	8213	**Transport means identification name identifier**	C	an	1/9	O

Description: Identifies the name of the transport means.
Maersk Usage: *Vessel ID number*

TDT080-020	1131	**Code list identification code**	C	an	1/3	O

Description: Identification of a code list.

Code	Name
146	Means of transport identification

TDT080-030	3055	**Code list responsible agency code**	C	an	1/3	O

Description: Code specifying the agency responsible for a code list.

Code	Name
11	Lloyd's register of shipping

TDT080-040	8212	**Transport means identification name**	C	an	1/35	O

Description: Name identifying a means of transport.
Maersk Usage: *Vessel Name*

TDT080-050	8453	**Nationality of means of transport, coded**	C	an	1/3	O

Description: Coded name of the country in which a means of transport is registered.
Maersk Usage: *ISO 2 Alpha Country Codes Must be Used.*

Sample:
TDT+20+115S+1++MAEU:172:166+++9295402:146:11:MAERSK DABOU:LR'

Segment Group 7

Pos: 0330		**Repeat: 9**
	Conditional	
Group: 7		**Elements: N/A**

User Option (Usage): O
Purpose:

Segment Group Summary:

Pos	Tag	Segment Name	Status	Rep	Usage
0340	LOC	PLACE/LOCATION IDENTIFICATION	M	1	M
0350	DTM	DATE/TIME/PERIOD	C	9	O

付録 2　EDI 仕様書　　155

				Pos: 0340　　　Max: 1

LOC　PLACE/LOCATION IDENTIFICATION

Pos: 0340　　　Max: 1
Mandatory
Group:　7　　Elements: 3

User Option (Usage): M
Purpose: To identify a place or a location and/or related locations.

Element Summary:

Ref	Tag	Element Name	Status	Type	Min/Max	Usage
LOC010	3227	**Location function code qualifier**	M	an	1/3	M

Description: Code identifying the function of a location.

Code	Name
7	Place of delivery
9	Place/port of loading
11	Place/port of discharge
88	Place of receipt

LOC020	C517	**LOCATION IDENTIFICATION**	C	Comp		O

Description: Identification of a location by code or name.

LOC020-010	3225	**Location name code**	C	an	1/25	O

Description: Code specifying the name of the location.
Maersk Usage: *UNLOCODES must be used.*

LOC030	C519	**RELATED LOCATION ONE IDENTIFICATION**	C	Comp		O

Description: Identification the first related location by code or name.

LOC030-010	3223	**Related place/location one identification**	C	an	1/25	O

Description: Specification of the first related place/location by code.
Maersk Usage: *ISO 2 Alpha Country Codes Must be Used.*

LOC030-020	1131	**Code list identification code**	C	an	1/3	O

Description: Identification of a code list.

Code	Name
162	Country

LOC030-030	3055	**Code list responsible agency code**	C	an	1/3	O

Description: Code specifying the agency responsible for a code list.

Code	Name
5	ISO (International Organization for Standardization)

Sample:

```
LOC+88+SGSIN+SG:162:5'
LOC+9+SGSIN+SG:162:5'
LOC+11+NZWLG+NZ:162:5'
LOC+7+NZWLG+NZ:162:5'
```

DTM DATE/TIME/PERIOD

Pos: 0350	Max: 9
Conditional	
Group: 7	Elements: 1

User Option (Usage): O
Purpose: To specify date, and/or time, or period.

Element Summary:

Ref	Tag	Element Name	Status	Type	Min/Max	Usage
DTM010	C507	DATE/TIME/PERIOD	M	Comp		M

Description: Date and/or time, or period relevant to the specified date/time/period type.

| DTM010-010 | 2005 | Date/time/period function code qualifier | M | an | 1/3 | M |

Description: Code giving specific meaning to a date, time or period.

Code	Name
132	Arrival date/time, estimated
133	Departure date/time, estimated
178	Arrival date/time, actual
186	Departure date/time, actual

| DTM010-020 | 2380 | Date/time/period value | C | an | 1/35 | O |

Description: The value of a date, a date and time, a time or of a period in a specified representation.

| DTM010-030 | 2379 | Date/time/period format code | C | an | 1/3 | O |

Description: Code specifying the representation of a date, time or period.

Code	Name
102	CCYYMMDD
203	CCYYMMDDHHMM

Sample:

DTM+133:201104080055:203'
DTM+132:201104270700:203'

付録 2　EDI 仕様書　　157

Segment Group 8

Pos: 0360　　Repeat: 99
Conditional
Group:　8　　Elements: N/A

User Option (Usage): O
Purpose:

Segment Group Summary:

Pos	Tag	Segment Name	Status	Rep	Usage
0370	EQD	EQUIPMENT DETAILS	M	1	M
0380	MEA	MEASUREMENTS	C	9	O

EQD	**EQUIPMENT DETAILS**	Pos: 0370　　　Max: 1 Mandatory Group: 8　Elements: 5

User Option (Usage): M
Purpose: To identify a unit of equipment.

Element Summary:

Ref	Tag	Element Name	Status	Type	Min/Max	Usage
EQD010	8053	**Equipment type code qualifier**	M	an	1/3	M

Description: Code qualifying a type of equipment.

Code	Name
CN	Container

Ref	Tag	Element Name	Status	Type	Min/Max	Usage
EQD020	C237	**EQUIPMENT IDENTIFICATION**	C	Comp		O

Description: Marks (letters/numbers) identifying equipment.

Ref	Tag	Element Name	Status	Type	Min/Max	Usage
EQD020-010	8260	**Equipment identification number**	C	an	1/17	O

Description: Marks (letters and/or numbers) which identify equipment e.g. unit load device.
Maersk Usage: *Container Number.*

Ref	Tag	Element Name	Status	Type	Min/Max	Usage
EQD030	C224	**EQUIPMENT SIZE AND TYPE**	C	Comp		O

Description: Code and or name identifying size and type of equipment. Code preferred.

Ref	Tag	Element Name	Status	Type	Min/Max	Usage
EQD030-010	8155	**Equipment size and type description code**	C	an	1/10	O

Description: Code specifying the size and type of equipment.
Maersk Usage: *The ISO type codes.*

Ref	Tag	Element Name	Status	Type	Min/Max	Usage
EQD030-020	1131	**Code list identification code**	C	an	1/3	O

Description: Identification of a code list.

Code	Name
102	Size and type

Ref	Tag	Element Name	Status	Type	Min/Max	Usage
EQD030-030	3055	**Code list responsible agency code**	C	an	1/3	O

Description: Code specifying the agency responsible for a code list.

Code	Name
5	ISO (International Organization for Standardization)

Ref	Tag	Element Name	Status	Type	Min/Max	Usage
EQD040	8077	**Equipment supplier, coded**	C	an	1/3	O

Description: To indicate the party that is the supplier of the equipment.

Code	Name
1	Shipper supplied
2	Carrier supplied

Ref	Tag	Element Name	Status	Type	Min/Max	Usage
EQD060	8169	**Full/empty indicator, coded**	C	an	1/3	O

Description: To indicate the extent to which the equipment is full or empty.

Code	Name
4	Empty
5	Full

Sample:

EQD+CN+MAEU6141359+4310:102:5+2++5'

付録 2　EDI 仕様書　　159

MEA　MEASUREMENTS

Pos: 0380	Max: 9
Conditional	
Group: 8	Elements: 3

User Option (Usage): O
Purpose: To specify physical measurements, including dimension tolerances, weights and counts.

Element Summary:

Ref	Tag	Element Name	Status	Type	Min/Max	Usage
MEA010	6311	**Measurement attribute code**	M	an	1/3	M

Description: Code specifying the measurement attribute.

Code	Name
AAE	Measurement

Ref	Tag	Element Name	Status	Type	Min/Max	Usage
MEA020	C502	**MEASUREMENT DETAILS**	C	Comp		O

Description: Identification of measurement type.

MEA020-010	6313	**Measured attribute code**	C	an	1/3	O

Description: Code specifying the attribute measured.

Code	Name
SQ	Shipped quantity
AAL	Net weight
AAW	Gross volume
AET	Transport equipment gross weight

MEA030	C174	**VALUE/RANGE**	C	Comp		O

Description: Measurement value and relevant minimum and maximum values of the measurement range.

MEA030-010	6411	**Measurement unit code**	M	an	1/3	M

Description: Code specifying the unit of measurement.

Code	Name
FTQ	Cubic Feet
KGM	Kilograms
LBR	Pounds
MTQ	Cubic Meters
NMP	Number of Packs

MEA030-020	6314	**Measurement value**	C	an	1/18	O

Description: Value of the measured unit.
Maersk Usage: *The Actual Measurement*

Sample:

```
MEA+AAE+AAL+LBR:55774.748'
MEA+AAE+SQ+NMP:18'
MEA+AAE+AAL+KGM:25299.000'
MEA+AAE+AAW+MTQ:49.140'
```

UNT MESSAGE TRAILER

Pos: 0620	Max: 1
	Mandatory
Group: N/A	Elements: 2

User Option (Usage): M
Purpose: To end and check the completeness of a message.

Element Summary:

Ref	Tag	Element Name	Status	Type	Min/Max	Usage
UNT010	0074	**Number of segments in a message**	M	n	1/10	M

Description: The number of segments in a message body, plus the message header segment and message trailer segment.
Maersk Usage: *Actual number of segments including the UNH and the UNT*

Ref	Tag	Element Name	Status	Type	Min/Max	Usage
UNT020	0062	**Message reference number**	M	an	1/14	M

Description: Unique message reference assigned by the sender.
Maersk Usage: *Same reference as in d/e 0062 in the UNH*

Sample:
UNT+25+564500001'

付録 2　EDI 仕様書　　161

UNZ　INTERCHANGE TRAILER

Pos:	Max: 1
Mandatory	
Group: N/A	Elements: 2

User Option (Usage): M
Purpose: To end and check the completeness of an interchange.

Element Summary:

Ref	Tag	Element Name	Status	Type	Min/Max	Usage
UNZ010	0036	**Interchange control count**	M	n	1/6	M

Description: Count either of the number of messages or, if used, of the number of functional groups in an interchange.
Maersk Usage: *Actual number of messages in the transmission*

Ref	Tag	Element Name	Status	Type	Min/Max	Usage
UNZ020	0020	**Interchange control reference**	M	an	1/14	M

Description: Unique reference assigned by the sender to an interchange.
Maersk Usage: *Same reference as in d/e 0020 in the UNB*

Sample:

UNZ+1+5645'

◆ ANSI (315)

315 Status Details (Ocean)

Purpose: This Draft Standard for Trial Use contains the format and establishes the data contents of the Status Details (Ocean) Transaction Set (315) for use within the context of an Electronic Data Interchange (EDI) environment. The transaction set can be used to provide all the information necessary to report status or event details for selected shipments or containers. It is intended to accommodate the details for one status or event associated with many shipments or containers, as well as more than one status or event for one shipment or container.

Pos	Id	Segment Name	Req	Max Use	Repeat	Notes	Usage
	ISA	Interchange Control Header	M	1			M
	GS	Functional Group Header	M	1			M

Heading:

Pos	Id	Segment Name	Req	Max Use	Repeat	Notes	Usage
010	ST	Transaction Set Header	M	1			M
020	B4	Beginning Segment for Inquiry or Reply	M	1			M
030	N9	Reference Identification	O	30			O
040	Q2	Status Details (Ocean)	O	1			O
LOOP ID - R4					**20**		
060	R4	Port or Terminal	M	1			M
070	DTM	Date/Time Reference	O	15			O
090	SE	Transaction Set Trailer	M	1			M

Pos	Id	Segment Name	Req	Max Use	Repeat	Notes	Usage
	GE	Functional Group Trailer	M	1			M
	IEA	Interchange Control Trailer	M	1			M

付録 2　EDI 仕様書　　163

ISA　Interchange Control Header

Pos:	**Max: 1**
Not Defined - Mandatory	
Loop: N/A	**Elements: 14**

User Option (Usage): M
Purpose: To start and identify an interchange of zero or more functional groups and interchange-related control segments

Element Summary:

Ref	Id	Element Name	Req	Type	Min/Max	Usage
ISA01	I01	**Authorization Information Qualifier**	M	ID	2/2	M

Description: Code to identify the type of information in the Authorization Information

Code	Name
00	No Authorization Information Present (No Meaningful Information in I02)

Ref	Id	Element Name	Req	Type	Min/Max	Usage
ISA03	I03	**Security Information Qualifier**	M	ID	2/2	M

Description: Code to identify the type of information in the Security Information

Code	Name
00	No Security Information Present (No Meaningful Information in I04)

Ref	Id	Element Name	Req	Type	Min/Max	Usage
ISA05	I05	**Interchange ID Qualifier**	M	ID	2/2	M

Description: Qualifier to designate the system/method of code structure used to designate the sender or receiver ID element being qualified

Code	Name
ZZ	Mutually Defined

Ref	Id	Element Name	Req	Type	Min/Max	Usage
ISA06	I06	**Interchange Sender ID**	M	AN	15/15	M

Description: Identification code published by the sender for other parties to use as the receiver ID to route data to them; the sender always codes this value in the sender ID element

Ref	Id	Element Name	Req	Type	Min/Max	Usage
ISA07	I05	**Interchange ID Qualifier**	M	ID	2/2	M

Description: Qualifier to designate the system/method of code structure used to designate the sender or receiver ID element being qualified

Code	Name
ZZ	Mutually Defined

Ref	Id	Element Name	Req	Type	Min/Max	Usage
ISA08	I07	**Interchange Receiver ID**	M	AN	15/15	M

Description: Identification code published by the receiver of the data; When sending, it is used by the sender as their sending ID, thus other parties sending to them will use this as a receiving ID to route data to them
Maersk Usage: *Partner ID*

Code	Name
ZZ	Mutually Defined

Ref	Id	Element Name	Req	Type	Min/Max	Usage
ISA09	I08	**Interchange Date**	M	DT	6/6	M

Description: Date of the interchange
Maersk Usage: *Format, YYMMDD*

Ref	Id	Element Name	Req	Type	Min/Max	Usage
ISA10	I09	**Interchange Time**	M	TM	4/4	M

Description: Time of the interchange
Maersk Usage: *Format, HHMM*

Ref	Id	Element Name	Req	Type	Min/Max	Usage
ISA11	I10	**Interchange Control Standards Identifier**	M	ID	1/1	M

Description: Code to identify the agency responsible for the control standard used by the message that is enclosed by the interchange header and trailer

Code	Name
U	U.S. EDI Community of ASC X12, TDCC, and UCS

| ISA12 | I11 | Interchange Control Version Number | M | ID | 5/5 | M |

Description: Code specifying the version number of the interchange control segments

Code	Name
00401	Draft Standards for Trial Use Approved for Publication by ASC X12 Procedures Review Board through October 1997

| ISA13 | I12 | Interchange Control Number | M | N0 | 9/9 | M |

Description: A control number assigned by the interchange sender

| ISA14 | I13 | Acknowledgment Requested | M | ID | 1/1 | M |

Description: Code sent by the sender to request an interchange acknowledgment (TA1)

Code	Name
0	No Acknowledgment Requested

| ISA15 | I14 | Usage Indicator | M | ID | 1/1 | M |

Description: Code to indicate whether data enclosed by this interchange envelope is test, production or information

Code	Name
P	Production Data
T	Test Data

| ISA16 | I15 | Component Element Separator | M | | 1/1 | M |

Description: Type is not applicable; the component element separator is a delimiter and not a data element; this field provides the delimiter used to separate component data elements within a composite data structure; this value must be different than the data element separator and the segment terminator

Sample:

*ISA*00*   *00*   · *ZZ*MAERSKLINE   *ZZ*PARTNER*
*110408*0600*U*00401*000006884*0*P*~*

付録 2　EDI 仕様書　　165

GS　Functional Group Header

Pos:	Max: 1
Not Defined - Mandatory	
Loop: N/A	Elements: 8

User Option (Usage): M
Purpose: To indicate the beginning of a functional group and to provide control information

Element Summary:

Ref	Id	Element Name	Req	Type	Min/Max	Usage
GS01	479	**Functional Identifier Code**	M	ID	2/2	M

Description: Code identifying a group of application related transaction sets

Code	Name
QO	Ocean Shipment Status Information (313, 315)

Ref	Id	Element Name	Req	Type	Min/Max	Usage
GS02	142	**Application Sender's Code**	M	AN	2/15	M

Description: Code identifying party sending transmission; codes agreed to by trading partners
Maersk Usage: *Interchange Sender ID*

Ref	Id	Element Name	Req	Type	Min/Max	Usage
GS03	124	**Application Receiver's Code**	M	AN	2/15	M

Description: Code identifying party receiving transmission; codes agreed to by trading partners
Maersk Usage: *Partner ID*

Ref	Id	Element Name	Req	Type	Min/Max	Usage
GS04	373	**Date**	M	DT	8/8	M

Description: Date expressed as CCYYMMDD

Ref	Id	Element Name	Req	Type	Min/Max	Usage
GS05	337	**Time**	M	TM	4/8	M

Description: Time expressed in 24-hour clock time as follows: HHMM, or HHMMSS, or HHMMSSD, or HHMMSSDD, where H = hours (00-23), M = minutes (00-59), S = integer seconds (00-59) and DD = decimal seconds; decimal seconds are expressed as follows: D = tenths (0-9) and DD = hundredths (00-99)

Ref	Id	Element Name	Req	Type	Min/Max	Usage
GS06	28	**Group Control Number**	M	N0	1/9	M

Description: Assigned number originated and maintained by the sender

Ref	Id	Element Name	Req	Type	Min/Max	Usage
GS07	455	**Responsible Agency Code**	M	ID	1/2	M

Description: Code identifying the issuer of the standard; this code is used in conjunction with Data Element 480

Code	Name
X	Accredited Standards Committee X12

Ref	Id	Element Name	Req	Type	Min/Max	Usage
GS08	480	**Version / Release / Industry Identifier Code**	M	AN	1/12	M

Description: Code indicating the version, release, subrelease, and industry identifier of the EDI standard being used, including the GS and GE segments; if code in DE455 in GS segment is X, then in DE 480 positions 1-3 are the version number; positions 4-6 are the release and subrelease, level of the version; and positions 7-12 are the industry or trade association identifiers (optionally assigned by user); if code in DE455 in GS segment is T, then other formats are allowed

Code	Name
004010	Draft Standards Approved for Publication by ASC X12 Procedures Review Board through October 1997

Sample:

GS*QO*MAERSKLINE*NYKGDS*20110408*0600*6884*X*004010~

ST	**Transaction Set Header**	Pos: 010 Max: 1
		Heading - Mandatory
		Loop: N/A Elements: 2

User Option (Usage): M
Purpose: To indicate the start of a transaction set and to assign a control number

Element Summary:

Ref	Id	Element Name	Req	Type	Min/Max	Usage
ST01	143	**Transaction Set Identifier Code**	M	ID	3/3	M

Description: Code uniquely identifying a Transaction Set

Code	Name
315	Status Details (Ocean)

Ref	Id	Element Name	Req	Type	Min/Max	Usage
ST02	329	**Transaction Set Control Number**	M	AN	4/9	M

Description: Identifying control number that must be unique within the transaction set functional group assigned by the originator for a transaction set

Sample:

ST*315*68840001~

付録 2　EDI 仕様書　　167

B4　Beginning Segment for Inquiry or Reply

Pos: 020　Max: 1
Heading - Mandatory
Loop: N/A Elements: 11

User Option (Usage): M
Purpose: To transmit identifying numbers, dates, and other basic data relating to the transaction set

Element Summary:

Ref	Id	Element Name	Req	Type	Min/Max	Usage
B402	71	**Inquiry Request Number**	O	N0	1/3	O

Description: Identifying number assigned by inquirer

Ref	Id	Element Name	Req	Type	Min/Max	Usage
B403	157	**Shipment Status Code**	O	ID	1/2	O

Description: Code indicating the status of a shipment

Code	Name
D	Completed Unloading at Delivery Location
	Maersk usage:
	Gate-Out for delivery to customer
I	In-Gate
	Maersk usage:
	Gate-In full for a booking
AE	Loaded on Vessel
AL	Loaded on Rail
AR	Rail Arrival at Destination Intermodal Ramp
	Maersk usage:
	Container unloaded from rail
AV	Available for Delivery
	Maersk usage:
	Shipment Available for pickup/delivery
CR	Carrier Release
CT	Customs Released
CU	Carrier and Customs Release
EE	Empty Equipment Dispatched
	Maersk usage:
	Gate-Out empty against a booking
OA	Out-Gate
	Maersk usage:
	Gate-Out from final discharge port
RD	Return Container
UV	Unloaded From Vessel
VA	Vessel Arrival
VD	Vessel Departure

Ref	Id	Element Name	Req	Type	Min/Max	Usage
B404	373	**Date**	O	DT	8/8	O

Description: Date expressed as CCYYMMDD

Ref	Id	Element Name	Req	Type	Min/Max	Usage
B405	161	**Status Time**	O	TM	4/4	O

Description: Time (HHMM) of last reported status of cargo

Ref	Id	Element Name	Req	Type	Min/Max	Usage
B407	206	**Equipment Initial**	O	AN	1/4	O

Description: Prefix or alphabetic part of an equipment unit's identifying number
Maersk Usage: *Container prefix. Use only if this is an equipment-related event.*

Ref	Id	Element Name	Req	Type	Min/Max	Usage
B408	207	**Equipment Number**	O	AN	1/10	O

Description: Sequencing or serial part of an equipment unit's identifying number (pure numeric form for equipment number is preferred)
Maersk Usage: *Container number (excluding check digit). Use only if this is an equipment-related event.*

| B409 | 578 | **Equipment Status Code** | O | ID | 1/2 | O |

Description: Code indicating status of equipment

Code	Name
E	Empty
L	Load

| B410 | 24 | **Equipment Type** | O | ID | 4/4 | O |

Description: Code identifying equipment type
Maersk Usage: *ISO size and type code.*

| B411 | 310 | **Location Identifier** | O | AN | 1/30 | O |

Description: Code which identifies a specific location
Maersk Usage: *This is only to be used in the case of an equipment-related event.*

| B412 | 309 | **Location Qualifier** | O | ID | 1/2 | O |

Description: Code identifying type of location

Code	Name
K	Census Schedule K
UN	United Nations Location Code (UNLOCODE)
ZZ	Mutually Defined

| B413 | 761 | **Equipment Number Check Digit** | O | N0 | 1/1 | O |

Description: Number which designates the check digit applied to a piece of equipment
Maersk Usage: *Last digit of the container number.*

Sample:

B4**0*UV*20110407*2042**MSKU*001605*L*4310*USOAK*UN*0~

付録 2 EDI 仕様書 169

N9 Reference Identification

Pos: 030   Max: 30
Heading - Optional
Loop: N/A   Elements: 2

User Option (Usage): O
Purpose: To transmit identifying information as specified by the Reference Identification Qualifier

Element Summary:

Ref	Id	Element Name	Req	Type	Min/Max	Usage
N901	128	**Reference Identification Qualifier**	M	ID	2/3	M

Description: Code qualifying the Reference Identification

Code	Name
BM	Bill of Lading Number
BN	Booking Number
CG	Consignee's Order Number
CR	Customer Reference Number
CT	Contract Number
EQ	Equipment Number
FN	Forwarder's/Agent's Reference Number
SI	Shipper's Identifying Number for Shipment (SID)
SN	Seal Number
ZB	Ultimate Consignee
ZC	Connecting Carrier
ZZ	Mutually Defined
SCA	Standard Carrier Alpha Code (SCAC)

Ref	Id	Element Name	Req	Type	Min/Max	Usage
N902	127	**Reference Identification**	O	AN	1/30	O

Description: Reference information as defined for a particular Transaction Set or as specified by the Reference Identification Qualifier

Sample:

N9*BN*601372827*MAERSK BOOK NO. MSG=EVENT GENERATED~
N9*SI*TAO-OE024768*SHIPPER REFERENCE~
N9*BM*601372827*BILL OF LADING. MSG=EVENT GENERATED~

Q2 Status Details (Ocean)

Pos: 040   **Max: 1**
Heading - Optional
Loop: N/A Elements: 12

User Option (Usage): O
Purpose: To transmit identifying information relative to identification of vessel, transportation dates, lading quantity, weight, and cube

Element Summary:

Ref	Id	Element Name	Req	Type	Min/Max	Usage
Q201	597	**Vessel Code**	O	ID	1/8	O

Description: Code identifying vessel

Ref	Id	Element Name	Req	Type	Min/Max	Usage
Q202	26	**Country Code**	O	ID	2/3	O

Description: Code identifying the country
Maersk Usage: *ISO country code*

Ref	Id	Element Name	Req	Type	Min/Max	Usage
Q204	373	**Date**	O	DT	8/8	O

Description: Date expressed as CCYYMMDD
Maersk Usage: *Departure date of vessel.*

Ref	Id	Element Name	Req	Type	Min/Max	Usage
Q206	80	**Lading Quantity**	O	N0	1/7	O

Description: Number of units (pieces) of the lading commodity
Maersk Usage: *Total bill of lading quantity for bill of lading events or total quantity in container for equipment events.*

Ref	Id	Element Name	Req	Type	Min/Max	Usage
Q207	81	**Weight**	O	R	1/10	O

Description: Numeric value of weight
Maersk Usage: *Total cargo weight for bill of lading events or total cargo weight for container (if available).*

Ref	Id	Element Name	Req	Type	Min/Max	Usage
Q208	187	**Weight Qualifier**	O	ID	1/2	O

Description: Code defining the type of weight

Code	Name
G	Gross Weight

Ref	Id	Element Name	Req	Type	Min/Max	Usage
Q209	55	**Flight/Voyage Number**	O	AN	2/10	O

Description: Identifying designator for the particular flight or voyage on which the cargo travels

Ref	Id	Element Name	Req	Type	Min/Max	Usage
Q212	897	**Vessel Code Qualifier**	O	ID	1/1	O

Description: Code specifying vessel code source

Code	Name
C	Ship's Radio Call Signal
L	Lloyd's Register of Shipping

Ref	Id	Element Name	Req	Type	Min/Max	Usage
Q213	182	**Vessel Name**	O	AN	2/28	O

Description: Name of ship as documented in "Lloyd's Register of Ships"

Ref	Id	Element Name	Req	Type	Min/Max	Usage
Q214	183	**Volume**	O	R	1/8	O

Description: Value of volumetric measure
Maersk Usage: *Total cargo volume for bill of lading events or total cargo volume for container in the case of equipment events (if available).*

Ref	Id	Element Name	Req	Type	Min/Max	Usage
Q215	184	**Volume Unit Qualifier**	O	ID	1/1	O

Description: Code identifying the volume unit

Code	Name
E	Cubic Feet
X	Cubic Meters

Q216	188	**Weight Unit Code**		O	ID	1/1	O

Description: Code specifying the weight unit

Code	**Name**
L	Pounds

Sample:

*Q2*9005560*GB**20110321**1890*37920*G*1106***L*MAERSK DARTFORD***L~*

Loop Port or Terminal

Pos: 060	Repeat: 20
Mandatory	
Loop: R4	Elements: N/A

User Option (Usage): M
Purpose: Contractual or operational port or point relevant to the movement of the cargo

Loop Summary:

Pos	Id	Segment Name	Req	Max Use	Repeat	Usage
060	R4	Port or Terminal	M	1		M
070	DTM	Date/Time Reference	O	15		O

付録 2　EDI 仕様書　　173

R4	**Port or Terminal**	Pos: 060　　　　Max: 1 Heading - Mandatory Loop: R4　　　Elements: 7

User Option (Usage): M
Purpose: Contractual or operational port or point relevant to the movement of the cargo

Element Summary:

Ref	Id	Element Name	Req	Type	Min/Max	Usage
R401	115	**Port or Terminal Function Code**	M	ID	1/1	M

Description: Code defining function performed at the port or terminal with respect to a shipment

Code	Name
1	Final Port of Discharge (Operational)
5	Activity Location (Operational)
D	Port of Discharge (Operational)
E	Place of Delivery (Contractual)
L	Port of Loading (Operational)
R	Place of Receipt (Contractual)

Ref	Id	Element Name	Req	Type	Min/Max	Usage
R402	309	**Location Qualifier**	O	ID	1/2	O

Description: Code identifying type of location

Code	Name
D	Census Schedule D
K	Census Schedule K
CI	City
UN	United Nations Location Code (UNLOCODE)

Ref	Id	Element Name	Req	Type	Min/Max	Usage
R403	310	**Location Identifier**	O	AN	1/30	O

Description: Code which identifies a specific location

Ref	Id	Element Name	Req	Type	Min/Max	Usage
R404	114	**Port Name**	O	AN	2/24	O

Description: Free-form name for the place at which an offshore carrier originates or terminates (by transshipment or otherwise) its actual ocean carriage of property

Ref	Id	Element Name	Req	Type	Min/Max	Usage
R405	26	**Country Code**	O	ID	2/3	O

Description: Code identifying the country
Maersk Usage: *ISO country code.*

Ref	Id	Element Name	Req	Type	Min/Max	Usage
R406	174	**Terminal Name**	O	AN	2/30	O

Description: Free-form field for terminal name

Ref	Id	Element Name	Req	Type	Min/Max	Usage
R408	156	**State or Province Code**	O	ID	2/2	O

Description: Code (Standard State/Province) as defined by appropriate government agency

Sample:

```
R4*I*UN*USOAK*OAKLAND*US***CA~
R4*R*UN*CNTAO*QINGDAO*CN*QINGDAO**37~
R4*L*UN*CNTAO*QINGDAO*CN*QINGDAO**
```

DTM Date/Time Reference

Pos: 070   Max: 15
Heading - Optional
Loop: R4   Elements: 4

User Option (Usage): O
Purpose: To specify pertinent dates and times

Element Summary:

Ref	Id	Element Name	Req	Type	Min/Max	Usage
DTM01	374	**Date/Time Qualifier**	M	ID	3/3	M

Description: Code specifying type of date or time, or both date and time

Code	Name
139	Estimated
140	Actual

Ref	Id	Element Name	Req	Type	Min/Max	Usage
DTM02	373	**Date**	O	DT	8/8	O

Description: Date expressed as CCYYMMDD

Ref	Id	Element Name	Req	Type	Min/Max	Usage
DTM03	337	**Time**	O	TM	4/8	O

Description: Time expressed in 24-hour clock time as follows: HHMM, or HHMMSS, or HHMMSSD, or HHMMSSDD, where H = hours (00-23), M = minutes (00-59), S = integer seconds (00-59) and DD = decimal seconds; decimal seconds are expressed as follows: D = tenths (0-9) and DD = hundredths (00-99)

Ref	Id	Element Name	Req	Type	Min/Max	Usage
DTM04	623	**Time Code**	O	ID	2/2	O

Description: Code identifying the time. In accordance with International Standards Organization standard 8601, time can be specified by a + or - and an indication in hours in relation to Universal Time Coordinate (UTC) time; since + is a restricted character, + and - are substituted by P and M in the codes that follow

Code	Name
LT	Local Time
UT	Universal Time Coordinate

Sample:

DTM*140*20110407*2042*LT~

付録 2　EDI 仕様書　175

SE　Transaction Set Trailer

Pos: 090　Max: 1
Heading - Mandatory
Loop: N/A　Elements: 2

User Option (Usage): M
Purpose: To indicate the end of the transaction set and provide the count of the transmitted segments (including the beginning (ST) and ending (SE) segments)

Element Summary:

Ref	Id	Element Name	Req	Type	Min/Max	Usage
SE01	96	**Number of Included Segments**	M	N0	1/10	M

Description: Total number of segments included in a transaction set including ST and SE segments

Ref	Id	Element Name	Req	Type	Min/Max	Usage
SE02	329	**Transaction Set Control Number**	M	AN	4/9	M

Description: Identifying control number that must be unique within the transaction set functional group assigned by the originator for a transaction set

Sample:

SE*17*68840001~

GE — Functional Group Trailer

Pos: **Max: 1**
Not Defined - Mandatory
Loop: N/A   Elements: 2

User Option (Usage): M
Purpose: To indicate the end of a functional group and to provide control information

Element Summary:

Ref	Id	Element Name	Req	Type	Min/Max	Usage
GE01	97	Number of Transaction Sets Included	M	N0	1/6	M

Description: Total number of transaction sets included in the functional group or interchange (transmission) group terminated by the trailer containing this data element

Ref	Id	Element Name	Req	Type	Min/Max	Usage
GE02	28	Group Control Number	M	N0	1/9	M

Description: Assigned number originated and maintained by the sender

Sample:

GE*1*6884~

IEA   Interchange Control Trailer

Pos: Max: 1
Not Defined - Mandatory
Loop: N/A   Elements: 2

User Option (Usage): M
Purpose: To define the end of an interchange of zero or more functional groups and interchange-related control segments

Element Summary:

Ref	Id	Element Name	Req	Type	Min/Max	Usage
IEA01	I16	**Number of Included Functional Groups**	M	N0	1/5	M
		Description: A count of the number of functional groups included in an interchange				
IEA02	I12	**Interchange Control Number**	M	N0	9/9	M
		Description: A control number assigned by the interchange sender				

Sample:

*IEA*1*000006884~*

おわりに

　マルコム・マクリーンが C 型貨物船をコンテナ専用船に改装した最初の船「ゲートウェイシティ」がニューヨークからマイアミに向けて出航したのが，今から 60 年前の 1957 年 10 月のことである。「ゲートウェイシティ」のコンテナ積載能力は 35 フィートコンテナで 226 個であった。日本船社による最初のコンテナ船は，1968 年に就航した日本郵船の箱根丸で，20 フィートコンテナにして 752 個の積載が可能であった。以来，コンテナ船は大型化が進んでいった。箱根丸から半世紀後，商船三井の 20,000TEU 積載可能の超大型コンテナ船が就航した。CMA-CGM は，22,000TEU 積みのコンテナ船を発注するなど，外航海運においては，コンテナ船の大型化によるコスト削減，言い換えれば運賃競争に明け暮れてきたと言える。

　海運同盟崩壊後は特にこの傾向が顕著であった。そして，常にその大型化の先頭に立っていたのがマースクラインである。しかし，先に述べたように，ここ数年は，大型化の先陣を切ったのは商船三井であり，CMA-CGM である。マースクラインは，大型化による運賃競争から戦術を転換しているようだ。マースクラインの新たな競争領域は，情報技術を使ったサービス競争だと考えられる。それは，外航海運業務の電子化によるサービスの向上である。著者が「はじめに」で記しているように，外航海運業務の電子化競争に乗り遅れることは淘汰される危険性をはらんでいる。

　ブロックチェーンをはじめとした情報技術の革新が外航海運業務の電子化，可視化を後押ししており，すでに大きく変わりつつある。また，業務の電子化はデータの 2 次利用，3 次利用を可能にすることで港湾・ターミナル業務の効率化へもつながり，関連産業への影響も大きい。

　この点において日本は，欧州や韓国などに比べても後れを取っている。これは船社だけでなく，それを利用する荷主についても言えることである。

　著者の平田燕奈氏は，マースクラインにおいて，長年にわたり外航海運業務

の電子化に取り組んでこられた，この分野の第一人者である。

　これからの外航海運における競争の主戦場は情報による顧客サービス競争であるといえる。海運当事者や IT の専門家だけでなく，広く荷主はもちろん，港湾や保険など海運関連産業に従事する方々にも本書をぜひ手に取ってもらいたいと願っている。

　本書が外航海運業界における電子化の促進に少しでも役に立てば幸いである。

2018 年 7 月

監修者　森隆行

参考文献

第 1 章
- UNECE
  http://tfig.unece.org/contents/trade-documents.htm

第 2 章
- IBM ホームページ（2018 年 7 月閲覧）
  https://www.ibm.com/developerworks/jp/xml/library/x-ebxml-index/index.html
- ebXML ウェブサイト（2018 年 7 月閲覧）
  http://www.ebxml.org/
- https://ja.wikipedia.org/wiki/EbXML
- NTT 東日本ホームページ（2018 年 7 月閲覧）
  http://www.ntt-east.co.jp/release/detail/20171017_01.html
- 日本郵船ホームページ（2018 年 7 月閲覧）
  https://www.nykline.com/ecom/staticpage/help/ecommerce/migs.html
- 公益社団法人日本ロジスティクスシステム協会（2018 年 7 月閲覧）
  http://www.butsuryu.or.jp/asset/39740/view
  http://www.butsuryu.or.jp/asset/39739/view
- Cargosmart 社ホームページ（2018 年 7 月閲覧）
  https://www.cargosmart.com/en/solutions/big-schedules.htm
- Cargosmart ホームページ（2018 年 7 月閲覧）
  https://www.bigschedules.com/all-features#fea-carrier-performance-analytics
- COSCO ホームページ（2018 年 7 月閲覧）
  http://www.coscon.be/sites/default/files/cargosmartbruserguide.pdf
- 電子情報通信学会ホームページ（2018 年 7 月閲覧）
  http://www.ieice-hbkb.org/

第 3 章
- 侍エンジニア塾（2018 年 7 月閲覧）
  https://www.sejuku.net/blog/category/programing/api

- 『絵で見てわかるクラウドインフラと API の仕組み』平山毅著・監修，中島倫明，中井悦司，矢口悟志，森山京平，元木顕弘著，翔泳社，2016
- UPS ホームページ（2018 年 1 月閲覧）
  https://www.ups.com/upsdeveloperkit?loc=en_DK

第 4 章

大手外航定期船社ホームページ（アルファベット順）
- CMA-CGM（2018 年 7 月閲覧）
  http://www.cma-cgm.com/ebusiness/our-offer
- COSCO（2018 年 7 月閲覧）
  http://www.cosco.co.jp/
- Evergreen（2018 年 7 月閲覧）
  http://www.shipmentlink.com/tam1/jsp/TAM1_Login.jsp?lang=en
- Hapag Lloyd（2018 年 7 月閲覧）
  https://www.hapag-lloyd.com/en/web_booking_s9810.html
- Hyundai（2018 年 7 月閲覧）
  https://www.hmm21.com/cms/business/ebiz/trackTrace/trackTrace/index.jsp
- Maersk Line（2018 年 7 月閲覧）
  https://maersk.com/
- MSC（2018 年 7 月閲覧）
  https://www.msc.com/jpn
- ONE（2018 年 7 月閲覧）
  https://www.one-line.com/ja/ecommerce-applications
- OOCL（2018 年 7 月閲覧）
  http://www.oocl.com/jpn/ourservices/eservices/myooclcenter/Pages/default.aspx?site=japan&lang=jpn
- PIL（2018 年 7 月閲覧）
  https://www.pilship.com/en-pil-pacific-international-lines/1.html

第 5 章

- NACCS センターホームページ（2018 年 7 月閲覧）
  http://www.naccs.jp/

参考文献　　183

第 6 章

- Shipchain 社ホームページ（2018 年 7 月閲覧）
  https://shipchain.io/
- Freightwaves 社ホームページ（2018 年 7 月閲覧）
  https://www.freightwaves.com/news/defining-blockchain-terminology
- マイクロソフト社ホームページ（2018 年 7 月閲覧）
  https://news.microsoft.com/ja-jp/2018/01/25/180125-azure-ntteast-pal/
- 株式会社 NTT データホームページ（2018 年 7 月閲覧）
  http://www.nttdata.com/jp/ja/news/release/2018/012400.html
- BiTA 社ホームページ（2018 年 7 月閲覧）
  https://bita.studio/requirements
- CSO 社ホームページ（2018 年 7 月閲覧）
  https://www.csoonline.com/article/3233210/ransomware/petya-ransomware-
  and-notpetya-malware-what-you-need-to-know-now.html
- NTT データ先端技術株式会社ホームページ（2018 年 7 月閲覧）
  http://www.intellilink.co.jp/article/column/security-NotPetya.html
- The Register 社ホームページ（2018 年 7 月閲覧）
  https://www.theregister.co.uk/2017/06/28/petya_notpetya_ransomware/
- Lastline 社ホームページ（2018 年 7 月閲覧）
  https://www.lastline.com/blog/notpetya-ransomware-attack/
  https://www.lastline.com/labsblog/ransomware-delivery-mechanisms/
  https://www.lastline.com/labsblog/ransomware-overt-hide-part-2/
  https://www.lastline.com/labsblog/ransomware-network-communication/
- Zenatek 社ホームページ（2018 年 7 月閲覧）
  http://www.zenatek.com/Home/ZTS?lang=en-UK
- TradeLens 社ホームページ（2018 年 8 月閲覧）
  https://www.tradelens.com/
- IBM ニュースルーム（2018 年 8 月閲覧）
  https://www-03.ibm.com/press/jp/ja/pressrelease/54222.wss

索　引

【アルファベットなど】

300　*23*

301　*23, 30*

304　*23*

315　*23*

322　*30*

ACL　*111*

AHR　*111*

AMR　*111*

ANSI　*19, 54*

APERAK　*129*

API　*55*

API Key　*63*

API Secret　*63*

Application Programming Interface　*55*

Arrival Notice　*14, 22, 29*

AS2　*40*

ASC　*19*

ATD　*111*

BAPLIE　*30*

BERMAN　*129*

Bill of Lading　*15*

Bill of Lading Confirmation　*29*

BLL　*111*

BMS　*20*

Booking Confirmation　*20, 29*

Booking Request　*12, 20, 29*

C/C++　*51*

CALINF　*30, 129*

CargoSmart　*46*

CCL　*110*

Character Set　*37*

CHR　*111*

CLP　*13*

CMA-CGM　*44*

CMF01　*111*

CMF02　*111*

CMF03　*112*

CMF21　*111*

CMR　*111*

COARRI　*30, 129*

CODECO　*30, 130*

CODENO　*130*

COEDOR　*130*

COHAOR　*130*

Container Release　*30*

Container Status　*29*

CONTRL　*130*

COPARN　*22, 30, 130*

COPINO　*22, 131*

COPRAR　*30, 131*

COREOR　*30, 131*

COSTCO　*22, 131*

COSTOR　*131*

CUSCAR　*29, 131*

CUSDEC *131*
CUSREP *131*
CUSRES *131*

Dangerous Cargo Manifest *30*
Delivery Order *77*
DESADV *22, 132*
Despatch Advice *22*
DESTIM *132*
Detail *33*
Discharge Plan *30*
DMF *111*
DNC *111*
DOR *112*
DTM *35*

EANCOM *20, 53*
ebXML *19, 53*
EDI *17*
EDI partner *54*
Element *20*

File Transfer *61*
Freight Invoice *13*
FTPS *43*

Gate-in *13*
Gate-out *14*
GET *58*
Group *20*
GS1 *20, 53*
GTNexus *48*

Hamburg Sud *44*

HANMOV *132*
Hapag-Lloyd *44*
Haulage Instruction *30*
Header *33, 54*
Hex *50*
HTML *51*
HTTP *57*
HTTPS *57*

IFCSUM *134*
IFTDGN *30, 132*
IFTM *53*
IFTMAN *22, 29, 133*
IFTMBC *29, 133*
IFTMBF *29, 133*
IFTMBP *133*
IFTMCS *22, 29, 133*
IFTMIN *22, 29, 30, 133*
IFTSAI *29*
IFTSTA *22, 29, 133*
IMO *31*
Interchange *20*
INTTRA *44*
INVOIC *29, 134*
Invoice *29*
IoT *113*
ITIGG *20, 53*

JASTPRO *19*
Java *51*
JavaScript *51*
JSON *51, 58*

索 引　187

Load Plan　*30*

Maersk Line　*44*

Malware　*128*

Manifest　*29*

Message　*20*

Messaging　*61*

MFI　*111*

MFR　*111*

MIG　*20, 53*

MOVINS　*30*

MSC　*44*

NACCS　*99*

NAD　*35*

NotPetya　*121*

NSS　*103*

NVOCC　*14*

OASIS　*26*

OOCL　*46*

Packing List　*15*

PAXLST　*134*

Payment　*79*

Payment Instruction　*29*

PAYMUL　*29*

Peer to Peer 接続　*105*

Perl　*51*

Petya　*125*

PHP　*51*

Pickup Order　*12*

PID　*112*

POST　*58*

Pre-arrival Notice　*30*

Protocol　*40*

Ransomware　*128*

Rate Request　*79*

RCM　*115*

Remote Container Management　*115*

Remote Procedure Call　*61*

REST API　*58*

RFID　*114*

RPC　*58*

Sailing Schedule　*29, 30*

SDK　*69*

Segment　*20*

Server Message Block　*126*

SFTP　*42, 43*

Shared Database　*61*

Shipping Instruction　*13, 29*

Simple Object Access Protocol　*28*

SMB　*126*

SMDG　*20, 53*

SOAP　*28, 57*

SOAP API　*58*

Software Development Kit　*69*

SOLAS　*31*

Storage Plan　*30*

Summary　*33*

Syntax　*20*

TDCC　*53*

Tracking　*79*

Transaction Set　*54*

UltraEdit　*50*
UN/CEFACT　*19*
UNA　*32*
UNB　*32*
UNE　*32*
UNG　*32*
UNH　*32*
UNT　*33*
UNZ　*32*
URI　*58*

VB　*51*
Verified Gross Mass　*29*
VERMAS　*29*
VESDEP　*134*
VGM　*29, 54*

WannaCry　*127*
WASDIS　*134*

XML　*19, 51, 53*

【あ行】
アプリケーション連携　*61*
インターチェンジ　*20, 31*
運賃契約書　*11*
運賃請求書　*11*
運賃見積もり　*79*
オンライン決済　*79*

【か行】
海貨業務　*102*
改行符号　*33*

階層　*27*
概要　*33*
金流　*9*
グループ　*20*
ゲートウェイ接続　*105*
構文　*20*
混載業務　*102*

【さ行】
サクラエディタ　*49*
シーケンス　*34*
詳細　*33*
情報流　*9*
商流　*9*
スマートコントラクト　*120*
税関業務　*102*
税関申告書　*11*
セキュリティ対策　*51*
セグメント　*20*
セパレータ　*38*
船舶代理店業務　*102*

【た行】
通関業務　*102*
デジタル証明書　*103*
データベース共有　*61*
電子データ交換　*17*
到着通知書　*11*
トラッキング　*79*

【な行】
2024 年問題　*41*

荷主業務　*102*
荷渡指図書　*77*

【は行】
ハウス B/L　*44*
パッキングリスト　*15*
ピックアップオーダー　*11*
ファイル連携　*61*
ブッキング　*20*
ブッキング確認　*20*
プッシュ　*54*
物流　*9*
船積依頼書　*11*
船積情報　*20*
船荷証券　*11*
プル　*54*
ブロックチェーン　*117*
プロトコル　*40*

ヘッダー　*33*

【ま行】
マルウェア　*128*
メッセージ　*20*
メッセージング　*61*
文字符号セット　*37*
モバイルアプリ　*90*

【や行】
要素　*20*

【ら行】
ランサムウェア　*122*
ルータ接続　*105*

【わ行】
ワンクリック　*77*

【著者】

平田 燕奈（ひらた えんな）

中国東北財経大学卒業。神戸大学経営学研究科博士後期課程修了。マースクライン AS TradeLens北アジアコマーシャルマネージャー。経営学博士。1998年、A.P. Moller-Maersk Groupに入社。カスタマーサービス、営業、航路管理、マーケティング、Eコマース部門において管理職を歴任。NACCS業務やブッキング業務など、数々の自社システム電子化推進プロジェクトを成功に導く。
2018年5月より、Maersk社とIBM社の協業ユニットであるTradeLensにおいて、ブロックチェーン物流プラットホームの開発推進に従事。

【監修者】

森 隆行（もり たかゆき）

大阪市立大学商学部を卒業後、大阪商船三井船舶株式会社（現・商船三井）に入社。2006年、商船三井を退職し、流通科学大学教授に着任。現在に至る。
日本海運経済学会副会長
著書：『現代物流の基礎』（同文館出版）、『大阪港150年の歩み』（晃洋書房）、『神戸港 昭和の記憶』（神戸新聞総合出版）他

ISBN978-4-303-16414-0

e-Shipping －外航海運業務の電子化

2018年10月1日　初版発行　　　　　　　　　Ⓒ E. HIRATA 2018

著　者　平田燕奈　　　　　　　　　　　　　　　　検印省略
監修者　森隆行
発行者　岡田節夫
発行所　海文堂出版株式会社

　　　　　本　社　東京都文京区水道2-5-4（〒112-0005）
　　　　　　　　　電話 03（3815）3291㈹　FAX 03（3815）3953
　　　　　　　　　http://www.kaibundo.jp/
　　　　　支　社　神戸市中央区元町通3-5-10（〒650-0022）

日本書籍出版協会会員・工学書協会会員・自然科学書協会会員

PRINTED IN JAPAN　　　　　　印刷　東光整版印刷／製本　誠製本

JCOPY ＜（社）出版者著作権管理機構 委託出版物＞

本書の無断複写は著作権法上での例外を除き禁じられています。複写される場合は、そのつど事前に、（社）出版者著作権管理機構（電話 03-3513-6969、FAX 03-3513-6979、e-mail: info@jcopy.or.jp）の許諾を得てください。